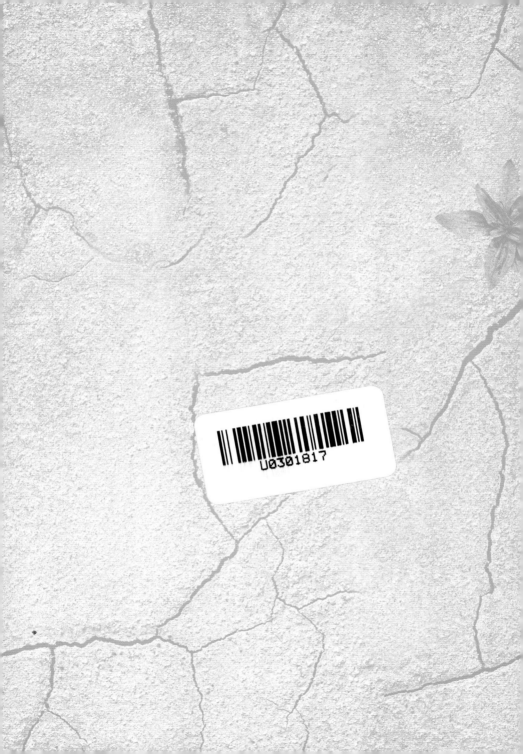

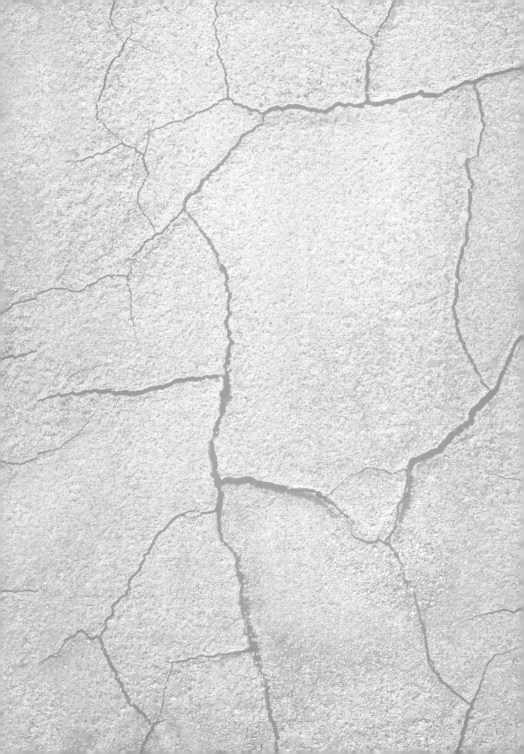

史迪夫 著

生命的土壤

自然与文明的呼唤

中国出版集团

研究出版社

图书在版编目 (CIP) 数据

生命的土壤：自然与文明的呼唤 / 史迪夫著. --
北京：研究出版社, 2024.3
　ISBN 978-7-5199-1586-5

Ⅰ.①生… Ⅱ.①史… Ⅲ.①土壤改良—普及读物
Ⅳ.①S156-49

中国版本图书馆CIP数据核字(2023)第188004号

出 品 人：陈建军
出版统筹：丁　波
策划编辑：安玉霞
责任编辑：安玉霞

生命的土壤：自然与文明的呼唤

SHENGMING DE TURANG：ZIRAN YU WENMING DE HUHUAN

史迪夫　著

研究出版社　出版发行

（100006　北京市东城区灯市口大街100号华腾商务楼）

北京隆昌伟业印刷有限公司　新华书店经销

2024年3月第1版　2024年3月第1次印刷

开本：880毫米×1230毫米　1/32　印张：8.875

字数：180千字

ISBN 978-7-5199-1586-5　定价：49.00元

电话（010）64217619　64217652（发行部）

土，地之吐生物者也。

——东汉许慎《说文解字》

◀ 科研人员在盐碱地
挖土取样

▲ 乌梁素海盐碱地

▶ 顽强生长在乌拉盖
盐碱地中的碱蓬

▲ 巨大的草原鼠洞

◀ 蛋壳太薄了，当母鸟坐在上面孵蛋的时候，蛋壳自己破了

▲ 农民在焚烧秸秆

▶ 有机物较丰富
的土壤随处可见
的放线菌

▲ 金字塔形状的山丘

◀ 乌拉盖戈壁卷起的
盐尘

▶ 在和田沙漠
种植玫瑰

▶ 电厂旁边的微藻装置

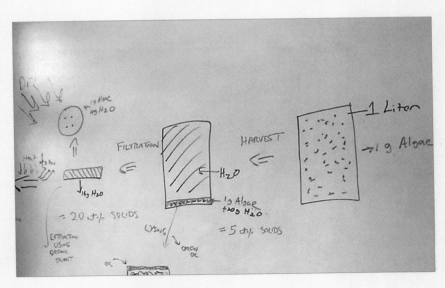

▲ 科研人员绘制的微藻原理结构图

◀ 电厂的微藻碳减排
示范项目

▲ 金布尔与孩子们一起品尝自己亲手种植的萝卜

▶ 校园里的小菜园

▲ 学校里的鱼菜共生种植区

◀生态种植的葡萄
园绿意盎然

▶ 云南大理生态
农场自制堆肥

推荐语

　　太赫兹研究的领域一直在激光和非线性光学方面，我相信，不久的将来，太赫兹一定会在农业方面得到广泛使用，尤其在土壤改良和种植上的应用，意义更加重大。

——姚建铨

中国科学院院士

天津大学教授、博士生导师

　　人的认识不能仅停留在尊重自然、顺应自然层面上，还要搞清基础规律，达到举一反三的效果。

　　只有从过去被西方影响的依靠化肥农药为主的"农业现代化"转移到为 14 亿多人民健康服务的中国式农业现代化方向上来，同时在卫生健康领域内与来自自然的微量元素补充相结合，从系统上切断以化肥农药所代表的"农业现代化"对人生命的危害。

　　我自己的生活体验，现在的蔬菜、粮食，味道跟从前是很不一样的，40 年以前的西红柿味道跟现在完全不同，那时候的味道是很好的。想要恢复，就要改良我们的种植土壤。

——俞梦孙

中国工程院院士、博士生导师

中国人民解放军航空医学工程研究中心主任

微藻固碳减排，在碳中和中发挥着积极作用，利用好微藻，不但适用在二氧化碳减排上，也适用在土壤改良、水体治理和种植养殖领域，是非常难得的全物链基础原料。

——范良士

美国俄亥俄州立大学博士、教授

美国国家工程院院士、中国工程院外籍院士

用科技推动传统农业产业发展升级，高质量、现代化、智能化、信息化是未来农业的发展方向。

——吾守尔·斯拉木

中国工程院院士

新疆大学教授、博士生导师

土地是万物之母。在日常生活中，人们往往不会考虑食物来自哪里，在什么样的土地上生长的，土壤是否健康。人们的消费观、审度观和理性评判被严重扭曲。水果要鲜艳的、水灵的，黄瓜要顶花带刺的，蔬菜要没有虫眼的，粮食要品相好看的。自然界长不出这样的食物，那是工业手段和化合物的杰作。人文科学与自然科学的结合，才有价值。

——赵德明
北京大学西方文学学院教授、博士生导师

书中一篇篇科普美文，都在润物细无声地告诫世人，应当正确"和合"生态农耕文明与健康环境友好的关系。此书散文笔法，视角独特，有趣生动，值得对有机生活寄以厚望的人们一读。

——李　玲
北京大学教授、博士生导师
北京大学健康发展中心主任

科技与农业相融合的文章比较难写。《生命的土壤——自然与文明的呼唤》将两者巧妙的链接在一起，使读者既可以获得新的知识，又可以阅读到农业文明的各种场景，收益多多。

——赵亚夫
江苏镇江农科所所长、研究员

微生物是我们用肉眼看不到的有活体、有生命的一种微小生命体，它可以无限地扩繁和繁殖。我们使用有益的微生物给土壤提供营养物质，并利用微生物提高肥效和修复土壤，控制土传病害、有害细菌、真菌的污染，有效地降解土壤中的农药。

——张树清
中国农业科学院教授、研究员

"土为万物之母。"当代科学也认为土壤是生物多样性的宝库，对我们的食物、健康，及调节气候至关重要。然而具有讽刺意味的是，孕育我们现代文明的土地却在现代文明的侵蚀下，变得岌岌可危。美国教授蒙哥马利在他的《泥土：文明的侵蚀》中表达了他的忧虑。今天一群中国人正行走在中华大地上，用亲身经历替我们的大地母亲呐喊，《生命的土壤——自然与文明的呼唤》将让每个听见它的读者更了解、关心我们脚下的土地，激发更多人行动，唯有如此，我们的大地母亲才能恢复生机。

——任文伟
复旦大学生命科学学院教授、博导

　　《生命的土壤——自然与文明的呼唤》书名好，真实有诗意，现今到了人们对土壤高度认知的时刻，土壤不治理不行了。此书内容殷实，与一般的科普作品不同，有可读性，尤其适合孩子们阅读。

——徐效奇

上海交通大学教授

长三角产业与科技创新研究院理事长

　　《生命的土壤——自然与文明的呼唤》让我们看到了土壤得以救治的曙光。

——钱　捷

复旦大学生命科学学院教授

　　史迪夫先生用其亲身经历和丰富的知识，写出了《生命的土壤——自然与文明的呼唤》，每一篇文章字里行间都浸透作者的心血。

——刘燕刚

上海交通大学教授、博士生导师

传统中医药挖掘与传承创新中心主任

一位充满诗人情怀的农学博士，用文学的语汇谱写了土壤科学的精粹。如此深爱着祖国的生养之地，满腔热血地耕耘不息，成就心中的百年大计。吃得饱是小目标，吃得好才是大幸福。绿色有了，健康还会远吗？土壤的远方，大地在歌唱。

——许激扬
中国药科大学生命学院教授
国家药品审评专家组成员

我们都知道人类的生存离不开农业，而《生命的土壤——自然与文明的呼唤》让我感受到了生态农业的艰辛。珍惜来之不易的粮食，就是珍惜养育生命的土壤。

——钱 卫
中德友好协会执行会长

"民以食为天，食以安为先，安以质为本"。土壤是我们的母亲，只有爱护好土壤，人类才能源源不断地从土壤中汲取营养乳汁，才能得以繁衍而生生不息。

此书的出版正可谓应时代的召唤和国家的需求，能够把晦涩的农业科学写得如此通俗易懂，实属难能可贵。土壤的呐喊声响彻云边之时，就是农业突破化学法束缚之日。我们翘首以盼。

——刘大海

美国加利福尼亚大学洛杉矶分校博士

华南理工大学博士后导师，原安徽大学生命科学学院院长

《生命的土壤——自然与文明的呼唤》让我深感震撼，书中的故事带领我走进农耕文明的新天地。

——应持荣

中美友好城市促进会会长

书中对保护环境的解读比较客观，用叙述的方法可以让不同阶层的读者了解农业科技的方方面面。

——詹姆斯·陆

美国南加州大学环境学院博士、教授

国际环境工程高级工程师

我曾经陪同史迪夫先生考察过中国台湾的自然农法，《生命的土壤——自然与文明的呼唤》展示了他对农业进步的赤子之心和执着之念。

——皮特·张

美国波士顿大学化学工程博士

　　塞尔维亚大地上留有史迪夫先生的足迹，他在参加尼古拉·特斯拉纪念活动期间关注了我们那里的农田，那是一次非常有益的交流。

——威力米尔·阿布雅诺维奇

塞尔维亚贝尔格莱德艺术大学电影理论教授

特斯拉宇宙研究所研究员

　　史迪夫先生不但写了几部关于尼古拉·特斯拉的书，他还致力于把特斯拉的标量波技术用于农业领域，这是非常耐人寻味的事情。标量波可以在不改变原物质性能的情况下，将能量传输其中，加倍发挥能量的作用。如果将标量波用于农业，在农业种植、减少病虫害、抗击病毒对植物的侵袭、提高农作物产量和品质上，一定会起到意想不到的效果。

——桑德拉·迈克尔

美国特斯拉标量波研究院博士、研究员

目　录

序 一
用有机农法生产安全食品

史迪夫先生的《生命的土壤——自然与文明的呼唤》一书，为中国绿色农业的未来描绘出了绚丽的华章。书中所陈述的故事，浸润着作者一路走过的艰辛路程和对有机农业的满腔热情。

农业现代化的关键是农业科技现代化，要加强农业与科技融合，加强农业科技创新。科研人员要把论文写在大地上，让农民用最好的技术种出最好的粮食。"我们既要绿水青山，也要金山银山。宁要绿水青山，不要金山银山，而且绿水青山就是金山银山。"

早在鸦片战争之前，中国的古典生态农业养活了4亿人。新中国成立后，经过土地改革和合作化，毛泽东主席适时总结的农业"八字宪法"，对中国当代的生态农业提出了方向性的指导原则。土、肥、水、种、密、保、管、工这八个要素，把农业嵌入了精密运转的复杂的自然生态系统，同时也以开放的心态拥抱工业文明。特别需要指出的是，这八个生态农业生产力要素中的每一个，都需要打破传统小农经济的界限，才能发挥出最大的潜能。

土壤本身就是一个温室气体排放源，也是一个主要的碳储库。它可以积蓄有机物质，使后者不会以二氧化碳的形式进入大气。然而，当发生一些情况，比如泥炭沼泽生态遭受破坏，那么这些被固定的碳就会重新进入大气。

事实上，我们的农业正在逆转数十亿年来土壤的演化历程，并让我们的土壤变得更容易遭受侵蚀破坏，而这是土壤最为活跃、最为重要的一层。遭受侵蚀之后的土壤，其持水性能和保持营养物质的能力都会下降，难以种植农作物，并在面对洪水或干旱灾害时更加脆弱。另一方面，来自土壤侵蚀的泥沙也必须找到能够沉积下来的地方，因此我们的河道正日益淤塞，河流中生活的水生生物正在逐渐消亡。我们很难找到自然生态环境中的蚯蚓，也很少能够看到在夜空中舞动的萤火虫，更难看到生物多样性为土壤带来的勃勃生机。

美国生物学家维克多曾说："一个国家，好比一棵树。树根是农业，树干是人口，树枝是工业，树叶是商业和艺术。因为有树根，树才能获得营养而茂盛。因此，如果要使树不会枯死，树根必须随时获得营养。"

经济、科技、生产的发展能明显提升人们认知自然的水平，增强人们改造世界的能力。物质财富、精神生活的日益丰富导致人们对生活追求的目标也在不断提高。追求吃饱饭、穿暖衣、日有三餐、夜图一眠的日子已成为历史，吃得美味、穿得时尚、住得舒适、行得快乐日益成为当今的生活特色。然而，环境污染、食品安全、饮水卫生、起居环保、社会压力等问题导致疾病多发趋势不断上升，癌症、疑难杂症、综合性疾病明显增多。

大气污染、水体污染、土壤污染、噪声污染、光污染等引发的食品污染问题已成为社会关注的焦点，绿色、简约、有机等新观念、新思想、新模式不断涌现，人们对绿色发展的向往比以往任何时候都强烈。有机生活涵盖衣食住行和社会活动方方面面，其中又以食为核心、为基础、为最根本的需求，正所谓"民以食为天"，随着社会大众对食品安全的重视，绿色健康食品受到追捧。

生态农业倡导让农耕恢复到原生态的方式。从本质上看，生态农业的核心理念是回归自然、返璞归真。作为一种以利用自然力为基础的人类生产活动，农业应该尽最大可能发掘和吸纳蕴含在自然界内部的各种资源和能量。对自然界的资源和能量的循环运动规律的认识应该是农业科技的源泉。

人类自进入工业文明时代以来，环境和生态就承受着日益沉重的负荷。工业文明，指的不仅是工业的异军突起和独树一帜，更包括工业对其他产业的渗透，尤其是农业。按照工业模式打造的农业生产，被称作"工业化农业"。

工业化农业凝结了一系列从工业生产那里移植过来的新理

念，如专业化分工和流水线作业，大规模高额投入，以及自然科学技术成果的应用。这些理念贯彻于农业生产中，就造成了下列特点：大规模单一作物或动物的种植养殖；农业劳动的机械化和电气化；以化肥、农药、农膜、激素和抗生素为代表的化学产品和生化产品的大量施用；以杂交和转基因为代表的生物育种技术的运用。

世界农林中心主任西蒙斯从气候变化的角度看待工业化农业的代价：工业化农业模式由于消耗大量的化石燃料以生产化肥和农药，因此要对世界上 14% 的温室气体排放负责；另外，由于砍伐树木造田，使得自然界的固碳能力被削弱。美国罗戴尔研究所称，生态农业比工业化农业要少排放 40% 的温室气体。这些思路和数据说明，工业化农业不仅投入成本大，社会代价也令人咋舌。与之相比，生态农业明显是更具优势的。

中国作为一个农业和农民大国，作为一个以农村改革开启与资本主义全球经济体系接轨新时代的新兴市场金砖国家，对于农业领域的农药和化肥的零增长限制，表现出了中央政府对食品安全的关注。

三十多年来中国农业发展的实践表明，没有了集体经济的制度框架，生态农业生产力诸要素的发挥就会遭受不同程度的阻碍。这时，工业化农业就会以短期便利的诱惑趁虚而入，成为小农经济的首选。而农村制度变迁引发的新的贫富分化，也先后导致了以"专业户"和"资本下乡"为表征的两轮规模经济的出现。但这种规模经济，是工业化农业理念所主导的，同时也不再以集体经济为依托。由于工业化农业成本高、可持续性弱的特点，不论是小农经济还是规模经济，都面临着一定的生产困境。再加上市场波动和资本投机的负面影响，工业化农业即便不谈其环境和生态代价，就单看农业生产本身，也很难托起中国农业发展和食品安全的未来。

　　生态农业是对工业化农业的缺陷进行纠偏，对工业化农业的积极成果予以支持的基础上，把农业生产水平推向更高阶段。生态农业并不认同工业化农业单一作物种植或单一动物养殖的做法，但包容后者规模经营、规模经济的考虑，故而可以因地制宜地运用于小农经济和大型农场这两种不同规模的农业经营方式。生态农业反对化肥、农药、激素、转基因等化学、生化、反自然技术及其产品的滥用，但包容机械化、电气化和杂交育种等本质上并不和生态农业原则相冲突的积极的科技成果。

　　生态农业是对工业化农业在更高层次上的批判。

　　食品安全问题是涉及全社会、全民族的大事，要动员全社会广泛参与，努力营造人人关心食品安全、人人维护食品安全的良好社会氛围，不断增强公众对食品安全的信心。

　　实施质量兴农战略，实现农业由总量扩张向质量提升转变，是党中央科学把握我国社会主要矛盾转化和农业发展阶段作出的重大战略决策。

愿史迪夫先生写出更多的作品奉献给喜爱生态有机生活的人们。

让安全食品伴随在你左右。

让健康生活时时刻刻陪伴着你。

马彦民

中国民营科技促进会会长

2023-06-30

序 二
民以食为天，国以粮为本

史迪夫博士的新作《生命的土壤——自然与文明的呼唤》，聚焦土壤改良过程中的"小故事、小人物"，用熟悉的土壤改良气息、熟悉的"微藻有机配方"，用一位学者睿智科学的视角，讲述着土地的故事，非常值得一读。

书中有许多精彩的内容深刻地诠释了土地与人类的现实本质，帮助我们认知土壤对人类生存的重要性，也让我感受到了史迪夫博士对土地的热爱和敬畏，感受到了一位学者孜孜以求的工作态度及严谨的工作作风。

土壤问题是世界性问题。

众所周知，我国是一个农业大国，粮食是国之根本。党和国家高度重视 14 多亿人的吃饭问题，习近平总书记告诫我们，要把饭碗端在自己手上。

解决粮食问题的根本是土地，土地的"灵魂"是土壤结构。由于我国地域辽阔，土壤环境因地域的差别而不同。受气候影响，南北温差较大，农作物种植、土壤性状等均有不同，且又有科技发展的局限性，致使目前我们对土壤结构尚有诸多不解和未知，有待更加深入地学习与研究。

　　这部《生命的土壤——自然与文明的呼唤》充分彰显了史迪夫博士的才华，作者在书中大胆提出了解决土壤问题的"ABCD"原则，即"态度"（Attitude）、"行为"（Behaviour）、"同情"（Compassion）、"对话"（Dialogue）。

　　作者用他最擅长的土壤改良方法，告知人们要有敬畏土地的态度、友善关爱土地的行为及天使般的体恤仁爱之心，要学会倾听土地的呼唤，慰藉土壤的"呻吟"，要像爱护亲人般地呵护土地，学会与土地坦诚相见，耐心沟通，对土地时刻保有一颗敬重之心，面向未来，造福子孙。

　　作品寥寥数笔即勾画出了土壤与解决"民以食为天，国以粮为本"这一问题的内在联系，浅显易懂，抓住了人心，抓住了解决问题的关键，这也正是作品的魅力所在。

　　《生命的土壤——自然与文明的呼唤》一书，再次警醒人与自然和谐相处的重要性、土壤改良的重要性、有机生态种植的重要性及食品安全的重要性。

　　书中的每一篇文章都专业性强，情节生动，内容丰富，倾注了作者全部情感与心血，学术价值极高，拜读佳作，受益匪浅。

陶章仙

人民日报海外版原编辑

中国中医药研究促进会健康服务分会执行会长

2023-06-19

前　言

多年来，我一直想写一些关于生态文明方面的文章，用文学语言和纪实体裁展示生态农耕对生命、环境的重要性，让更多的人体会生态农业文明给人们带来的福祉，这个愿望一直萦绕在心。

因各种缘由的羁绊，我总是不能静下心来，把感受写出来，献给热爱生态农业和健康生活的人们去阅读。

然而，启动我写作动力的不是高大上的理想和抱负，也不是为科普尽心尽力，而是一次街头随机采访的视频使我震撼：

采访者问女生甲：你知道农民种地一年能赚多少钱？

女生甲：很多很多钱。

采访者：多少钱呢？

女生甲：几百万吧。

男生乙：一年吗？几十万应该有吧。毕竟现在地皮那么贵。

男生丙：100 万应该有吧。

男生丁：20 万会有的。现在城市里赚钱太难了，我都准备去农村种地了。

女生戊：80 万？

采访者：你知道大米多少钱一斤吗？

女生甲：不知道，20 来块一斤吧。

男生乙：20 块钱一斤。

男生丙：不知道，我真的不知道，我没有买过大米。

男生丁：大概 10 块钱一斤吧。

看了这个视频，我的心久久不能平静下来。

现在一代年轻人对农村、农业、农民的真实情况知之甚少，农业常识从他们的视野中已经淡去，他们正在变成缺失农业基本常识的农盲。

震惊之余，我开始沉下心来静静地思考，搜索出十多年来从事生态农耕的记录碎片，一点点地把它们梳理出来，探寻每一段路程走过的艰辛，用朴素和坦诚的心态来唤醒人们对农业的良知和对大地的敬畏，如同要把一块散落在大漠中的玉石籽料雕琢成精美的玉佩一样，精心备至。

生态文明的浆液需要一滴滴地滋润在人们对农业基础知识极度饥渴的土地上。

培育具有现代知识的新一代农民，是我们的责任和义务。

农业是国家民族的命根子，每年国家都会发布涉农的重大政策。农业的兴衰紧紧关联着国家和民族的振兴。

　　现在从事农业的辛勤劳作还不是最令人担忧的。农业劳动的付出与收入不成正比，靠天收依然是农业的基本现状；中华民族几千年来的传统农业文明已远离现在的农耕，农民离开化肥农药已不知道如何种好田；农村年轻人不愿意在乡务农，留守在村里的人基本是老幼病残；涌入城镇的年轻一代即便内心还留有一丝乡愁，那也只是逢年过节回乡探视父老乡亲的唯一诉求。

　　富有农耕经验的农民走上老龄化的快车道，年迈体弱的老人苦守着几间残垣断壁的老屋和几亩田地；农民忙碌一年所收获的粮食，一年到头辛苦所得，一亩地的收成还不及在城里一个月打工的收入。

　　农民靠种田所获得的微薄收入如何应对日益高涨的市场消费？农业未来的根本出路在哪里？农村守候的价值在哪里？

　　西部土壤盐碱化、荒漠化，北方黑土地退化，南部土壤酸化，给农业生产带来越来越大的负担。土壤问题直接影响到环境变化：从席卷北部的沙尘暴，到大面积的空气质量堪忧；从江河湖泊被污染源折磨得支离破碎，到人们对餐桌上普通食物的质疑；从慢性病云起一床难求，到各种重大疾患已呈井喷之势……

　　残酷的现实摆在面前，我们不得不面对。

　　土地是有生命的，只有 600 ~ 1200 年的生命值，如果不加以呵护，土地的营养物质就会消耗殆尽，土地就会荒漠化、沙化、石漠化和极度贫瘠。

我们不仅仅要让土地生产出粮食，更重要的是要延续土地的生命。只有遵循自然规律，恢复生态种田的农耕生产方式，减少"化学农业"和"工业式农业"对农业产出物的影响，才能让人们吃到更健康的食物，呼吸到更清洁的空气，饮用到更纯美的水，而这需要我们共同努力。

农业需要振兴，农村需要活力，振兴和活力离不开基础要素——土壤的健康态，恢复土壤的健康态需要科技做支撑；农村百业待兴，需要第一线的人力资源，而人才是农业产业链条上的核心。

鼓励有志青年走进农业，就是为社会主义新农业补充血液。农业没有新一代力量的注入，我国农业的千年大厦将逐步走向倾斜，这是我们极不愿意看到的社会现象。

土壤学者克罗格说过："农业管理是一门艺术学。"用培养工程师的方法可以培育出优秀的技术工人，但是，却无法培育出优秀的农业艺术家。杰出的农民就是艺术家。我们需要更多的农业艺术家，这是国家的需要、民族的需要、人民健康的需要。

海洋的广袤是由万条江河的汇入才展示她的浩瀚，田野的宽广是由缤纷的植被装点才显出她的娇艳，引领有机生态农业需要千万只支持的手才能托起未来无限美好的明天。

　　我甘愿做一颗小小的石子，铺在通向我国生态环境改善的道路上。凡是踏在这石子之上的人，都能感受到胸怀的博大与坚强。

　　我甘愿做土壤结构的一分子，让植物生长所需要的营养和元素，从我这里汲取。

　　我甘愿做一株微小的藻珠，在阳光的普照下，吸收工农业排出来的二氧化碳作为营养物，向天空释放纯净的氧气，为净化我们赖以生存的环境而孜孜不倦地努力。

　　我愿作为一粒微生物，在时空中处处留下走过的足迹，让每一个细胞都能为生态文明和人民身心健康作出贡献。

　　我倡导的不仅仅是生态农耕文明对环境的影响，更注重的是实现生物经济在农业板块创立的循环体，为我国生态文明的未来画出一个完美的圆。让祖国的天更蓝、水更清、土更肥，再现沃野千里、碧浪翻涌、风吹草低见牛羊自然天成的无限风光。

　　我在理想的生态农耕世界里遨游，在倡导生态农耕文明与实践中行走，在历尽千辛万苦的磨砺中醒悟，才发现自己在自然农法方面的知识依然非常匮乏，改变现状的能力如此力不从心。一个人的能力再大，也是有限的。我必须不断地为自己充电，不断地更新自我认知，不断地充实精神食粮。

　　与浩瀚的知识海洋相比，我所掌握的技能仅是沧海一粟。正如苏格拉底说的："我知道自己一无所知。"

　　我相信，通过我们不懈地努力，不容乐观的生态环境的被动局面一定会得到改观，我国农业的未来一定会走向生态、有机、安全。

　　书中的故事是我真实历程的写照，考虑到姓名权和肖像权的保护，书中部分人物采用了化名，书中涉及的人物照片大部分未予收录，敬请读者谅解。

　　编撰此书得到了谷卫彬、梁恩发、张光明、陈全胜、姜阳、许国梁、赵青才、徐效奇、刘燕钢、钱捷、宋响鹰、范一航、陈可媛、李峰、杨永生、陈峰、杨凌、方国强、甘卓亭、郭晓、徐则晓、Welimier Amonoviq、Mia Wang、张天祐、张子望、许以忠、叶玲、王锦成、张卫国、赵书杰、韩蕾、王忠、胡尔西丹、Marl Coke、张恒、Eric Zhang、Julia Ji 等学者、研究人员、书友、师长、学生、好友的支持，在此一并感谢。

　　感谢安玉霞编辑对该书的出版所给予的支持和鼓励；致谢李慧黎老师为本书初期校改所付出的辛苦；非常感谢研究出版社在纸质图书市场堪忧的当下出版本书。

　　谨以此书献给奋斗在生态农耕文明第一线辛勤耕作的农业技术人员、科技工作者、对有机生活寄予厚望的人们。

史迪夫于上海

2023-09-27

乌拉盖戈壁的风

湿地退化

荒漠化

盐碱地

水库截流

生态修复

早春时节，北京植物园门口的树木还没有伸开困乏的枝干，料峭的风越过香山顶部的山口，呼啸着席卷而来。

谷卫民博士背着浅蓝色的双肩包，站在北京植物园的大门口等我。

我和谷博士一起相约到锡盟大草原深度了解那里盐碱地生成的原因，从中理出治理的思路和方法。

和我们一起在锡盟会合的还有来自中国科学院植物研究所的张明和陈胜利博士，他们在中科院植物研究所锡林浩特草原工作站等我们，与我们一起前往东乌旗考察。

东乌旗全称东乌珠穆沁旗，隶属内蒙古自治区锡林郭勒盟，旗府乌里雅斯太镇。

"乌里雅斯太"系蒙古语译音，意为"杨树"。

东乌旗的嘎达布其口岸直达蒙古国的苏赫巴托省、东方省和肯特省，是欧亚大陆桥的枢纽之一。

为了方便，我和谷博士搭乘一辆往来于锡盟与北京之间的区间车直达东乌旗旗府所在地——乌里雅斯太镇。

据说，乌拉盖戈壁15年前还是一处生机盎然的湿地，许多珍稀候鸟要在这里过冬，繁育后代，到了天气变暖的季节，它们会越过中蒙边界，飞回它们的栖息地。

但是，不知道从哪一年开始，乌拉盖一带的水源开始匮乏，湿地越来越小，最后竟成了一片一望无际的盐碱化荒地。曾经润灌这片湿地的乌拉盖河，也到了接近断流的状态。那些珍稀候鸟从此不见了踪迹，乌拉盖流域从此失去了昔日千鸟翔空的壮丽景观。

我对草原上的盐碱地没有概念，对那里盐碱地的生成充满了好奇。过去，我虽然了解过河北张家口、吉林白城、山西朔州、山东东营和江苏南通等地的盐碱地现状，但对乌拉盖流域的盐碱地依然存在一种不可名状的好奇。

飞驰的汽车沿着京藏高速一路向北，穿越了张家口，闪过元上都，直奔锡林浩特而来。

久违的白云一团一团悠闲地飘散在天与地之间。

大地苍茫，一望无际的大草原上，数以千计的牛羊或低头觅食，或仰头咩叫。

远处叠起的峰峦，在灿烂的阳光下尤显苍翠欲滴。

挥舞长袖的大风车在丘岭上优雅地旋转着，风能给草原增添了金属色的图画。

看着草地上隆起高高的土堆，我产生了好奇。谷博士告诉我，那是草原鼠的巢穴。

"有如此巨大的草原鼠？"我惊奇地问道。

谷博士坐在副驾驶的位置，眼睛转向车窗外，看着草地上的土堆说："草原上的狼减少了，苍鹰也少了，其他捕猎草原鼠的天敌少了，它们繁殖得快，基因改变也就加快了，适应能力也就更强大。人类的基因传递一次需要 20 年的时间，草原鼠大概 6 个月就可以生一窝，加上环境等因素，草原鼠的变异速度可想而知。在鼠害严重的地区，一公顷土地上有 1400 多只草原鼠。"

"草原鼠饿的时候会啃食草根的。"我有些担忧地说。

"也许自然规律就是如此。草原上也不能完全没有鼠类，否则其他生物就会缺少食物。只是草原鼠长得如此之快，个中原因还未可知，毕竟我们不是研究鼠类的专家。"谷博士说道。

"草原退化和乌拉盖流域的生态变迁，应该有其特殊的原因，草原鼠只能造成局部破坏，对整个大草原不会有太大影响，或许还是生物多样性的组成部分。"我默默地想。

眼前的草原生态变化，使我联想起美国黄石公园发生的一个现象：70多年前，黄石公园里的狼群被人为地消灭了。由于天敌不在，麋鹿的数量激增。对麋鹿而言，它们可以优哉悠哉地在河边吃草了，于是它们啃秃了河岸上大多数美味的柳树。继而，依靠柳树筑巢的鸣禽和依靠柳树筑坝安家的河狸开始变少。随着河水的冲刷，水鸟离开了这个区域。没有狼群猎杀动物后留下的残体，许多吃腐肉的动物如乌鸦、苍鹰、喜鹊和灰熊缺少了食物来源，因而数量急剧减少。

由此推演下去，当一个关键物种缺失之后，整个互相关联的紧密链条就会发生质的变化，链条上的每个点都会受到影响。

"草原上的生物链发生剧变之后，带来的后果是连锁反应，这不是我们可以推算清楚的。"我对谷博士说。

突然，一群咩咩叫着的羊群横穿公路，阻断了汽车行驶，我们停了下来，静静地看着旁若无人、慢悠悠地穿过路面的羊群，那头高傲地昂首走在最前面的头羊，用一种近乎蔑视的眼神扫过我们，一路高叫着带着它的团队隐没在公路对面的草地上。穿着一身迷彩服放牧的蒙古族青年，开着摩托车不停地吆喝着，从车前滑过。

转瞬间，远处的云彩开始发生微妙的变化，风推着云层汇聚到一起，越来越多。逐渐层层加厚的白云，开始不断变幻着不同的形态，慢慢地，薄云变得异常浓重，云团在疾驰中渐成深黑色。

穿过云海的闪电，随着霹雳声，一道道划过刚刚还逍遥自在的云层，为云层绘出璀璨的金红色的云边。

雷霆声轰隆作响，滚动着，覆盖了整个草原。

瞬间，雨柱飞驰而下，密集的雨点重重地砸在整个车身上，大雨哗啦啦地倾倒下来。风疾雨骤，天黑得像深夜一样，十米内几乎不能分辨物体。雨水阻隔了我们的视野，雨刷极速地摆动着亦显得无能为力，雨水依然流淌如幕。

我正诧异草原上如此变幻莫测，如此狂风暴雨什么时候可以停息时，太阳已经从云缝中闪闪而出，一弯彩虹蹿出云幔，架起一座彩色的空中桥梁，从大地远处延伸到灰暗的天边，在莽莽的天际处渐渐地消散。

心情愉悦的蒙古族司机打开了车上的音响，奔放的蒙古歌曲《鸿雁》盈满耳际，让我们感受到草原如此的辽阔。歌手降央卓玛那优美浑厚的女中音如同敲击金瓮时的震颤。

中午时分，我们与早已候在锡林浩特的张明和陈胜利博士会合在一起。我们一行继续向东乌旗方向行驶。唯一的一条锡盟通往东乌旗的公路伸向北方，我们要在这寂静的公路上行驶 3 个多小时才能到达目的地。

当我们驶进乌里雅斯太镇的收费站出口处，当地环保局的鲁晓明局长早已等候在这里，他带领我们一起来到曾经是草美、水美、自然美的乌拉盖戈壁。

当我们走下车，望着眼前的荒凉，我着实大吃一惊：

乌拉盖戈壁南岸陡峭的悬崖下，映入眼帘的是一望无际灰白色的盐碱地，风裹着卷动的盐尘，如同一堵移动的白色幕墙，急速地向我们袭来。这风，混着沙、盐尘，带着哀号，呼啸着跨越我们的头顶，急速地飘向西边的草地。

我望着狂奔而来又奔腾而去的盐尘，顿感生态变异所带来的无奈，我用文字记录下当时的景象：

乌拉盖戈壁的风

一片飘零

一袭盐尘

一地苍茫

吟着风

枯草消弥了绿原的现在

细流饱沾忧虑的河床

飘动的云

情怀遗存尘封的箴言

还有随风渐散的冥想

阡陌处

蹄印依旧裹着草香

更有远笛撩动的忧伤

那湿地

白鹿飞奔的画卷已成过去

千鹤引颈的鸣唱渐成绝响

山顶处
冰雪消融仅剩残崖绝壁
野狼长号只存憔音回荡

风
夹着尘
擒着烟
飘向苍茫……

　　鲁局长告诉我们，随着时间流逝，我国失去的不只是乌拉盖戈壁，还有查干淖尔、巴彦淖尔、伊和淖尔等草原湖泊，这些湖泊因水的缺失而干涸。干涸后露出的湖底，成了沙尘暴的源头，大风卷着沙尘淹埋了本是靠湖水滋润的草场，吞没了牧民放牧赖以生存的牧场。

　　"原来的乌拉盖河，沿河两岸湿地上生长着茂盛的芦苇和牧草，适宜放牧大牲畜，最适宜放牛，地处乌拉盖南岸的道特淖尔苏木白音高勒嘎查就是以放牛为主，号称放牛专业队。后来河水枯竭，湿地退化，牧草绝生，牧民无法再放牧了，有的牧民只有出走另寻生活。你们看那边的土屋，就是原来圈养牛羊的地方。"

我看到不远处一间塌了屋顶的土屋在尘沙中飘动。

鲁局长望着乌拉盖河来源的方向，期盼地说："过去的景象不知道什么时候可以再回到我们的视野，那是我们的愿望。"

"找到原因了吗？"我问道。

"找到了，十几年前乌拉盖河上游修建了乌拉盖水库，自然流淌的河水被人为截流后，就造成了现在的局面。"鲁局长回答说。

陈博士指着戈壁滩说道："乌拉盖草原湿地中下游植被群落退化程度严重，植被具有明显荒漠化特征，已经从草原湿地植被演替为碱蓬盐化草甸植被和盐漠化裸地。湖水的干涸就在这短短的十几年造成了如此局面，真的让我们都感到很痛心。"

谷博士接着说："水源的短缺，不单单是自然湖泊消失了，草原退化的速度也加快了，这也是我们非常关注的。"

我和陈博士一起走到干涸的河床边，当年遗留下来的一口枯井，井里早已干透了，在风中摇曳的是井口上已成朽木的提水木架，风穿过木架发出咝咝鸣响，在乌拉盖戈壁空旷的、沉睡的荒漠中显得尤为寂寥。

　　走进湖底，东乌旗生态局的技术员邵布扒开盐碱土的表层，向下挖了三十厘米，土壤非常贫瘠，从地表到三十厘米处，土层苍白无力，没有团粒结构，闻不到土壤应有的腐殖酸味道，土壤已经丧失了原有的活性。

　　乌拉盖戈壁出现的草原湿地植被已经逆向演替为盐生植物建群①的盐漠化草甸。远处几簇碱蓬和盐生砂引草稀稀拉拉地点缀在大地上，向人们宣示替代生命的存在。

　　面对如此广袤的荒野，我们开始思考如何治理乌拉盖河流域盐碱地的问题，让我们感慨的是：

　　是谁让那千年铸成的草原湿地和碧波粼粼的湖泊在短短的十几年间荡然无存？是大地的蒸腾使草原失去了水分还是人类的无知让我们赖以生息的土地变得如此荒凉？科学家肩负的任务何止是恢复草原那样单纯！面对盐碱地持续地蔓延，我们又该如何阻止和改善？绿草成茵、牛羊肥硕的景象何时才能重现？改良土地需要的水

————————

　　①　盐生植物建群是由具有适盐、耐盐或抗盐特性的盐生植物组成的植物群落。

量又该如何与眼前的工业争水达成平衡？如此巨大的生态工程最终应该由谁买单？

诸多的问题摆在我们面前，该如何一一解决？

晚饭后，我们一起在酒店探讨乌拉盖戈壁盐碱地的解决方法，从物理法到化学法、从客土法到生物法，一直讨论到深夜。我和陈博士连夜赶写出来《乌拉盖戈壁盐碱地生态修复建议书》，提交给东乌旗政府，我们提出了用内蒙古草原上丰富的牛羊粪作为有机肥的主原料＋复合微生物菌剂＋多种微量元素混合技术，在贫瘠的盐碱地上种植高耐盐植物，可以实现乌拉盖戈壁快速恢复生态的目的。用我们的智慧和能力来为乌拉盖戈壁的未来出一把力，是我们乌拉盖戈壁之行的初衷。

我们知道，乌拉盖戈壁盐碱地不是一朝一夕形成的，历史长河中泛起的不仅仅是湿地的消亡，生态失衡也是造成乌拉盖戈壁现状的根本所在，这就需要我们更深入地调研以及和职能部门配合。解决乌拉盖戈壁盐碱地的问题不能一蹴而就，既要方法可行，更要政府政策支持，还要有足够的经费来支撑，就像行进中的自行车，车链的每一处都是一个重要的环，缺少任何一部分都无法使链条发挥正常作用，自行车也就无法正常运行。

正如《焦点访谈——湿地正在失去》节目主持人劳春燕说的：

> 乌拉盖湿地是乌珠穆沁草原上万千生灵赖以生存的生命之源，人们需要它，牛羊需要它，飞鸟需要它。乌拉盖湿地的负担本来就很重了，现在又来了胃口更大的矿山、工厂，也要来分这小小的一碗水，脆弱的乌拉盖湿地，不堪重负。建工厂、上项目，也许会给当地经济发展带来不小的效益，但是经济的发展如果以牺牲生态环境为代价，注定不会持久。从破坏生态中索取的利益，今后肯定会加倍赔偿。

这掷地有声的话语凝聚在乌拉盖戈壁上空久久没有散去。

晚霞照映下的山峰，我看到飘逸的云、碧蓝的天，太阳的光线抹红了苍穹，抹红了草原，抹红了戈壁。

璀璨中，我从阳光穿透云层发出的四射光芒中看到了乌拉盖的未来，看到了我们的努力所换取的葱郁，看到了草原上生灵重现的处处生机，心中升起一轮暖阳。

土壤的呼唤

季节性盐碱地

客土改良

土壤呼吸

科学堆肥

化学农业

土壤流失

在张家口做环境工程的李俊总经理来北京找我，希望我能和他一块去一趟张家口，为正在快速退化的土地提出一些改善的建议。

我们驱车直奔张家口。

张家口市又称"张垣"，位于河北省西北部，是冀西北地区的中心城市，是连接京津、沟通晋蒙的交通枢纽。嘉靖八年（公元 1529 年）守备张珍在北城墙开一小门，曰"小北门"，因门小如口，又由张珍开筑，所以称"张家口"。

张家口历史悠久，据传黄帝、炎帝与蚩尤大战涿鹿，获胜后黄帝建都于此。张家口曾经是察哈尔省的省会。

下午三点左右，我们到了张家口一块数千亩的土地前，李俊带着我见了早已等候在这里的张波总工等人。

虽然已是开春时节，风卷着沙尘穿透衣裳，仍显得格外清冷。

"这里主要种植的农作物是什么？"我问。

"土豆、玉米、向日葵、甜菜等，也有一些杂粮类的作物。"李俊回答说。

"过去这里都是优良的土地，这些年来土壤肥力越来越差，一垧地打不了多少粮食。"张波指着眼前近乎荒芜的土地说。

我们一起走到农田深处。

农田的地表上可以看到一层薄薄的白色粉末，土壤坚硬如石板，我看了看远处稀疏的荒草说："这块地盐碱化和板结都很严重。"

一辆汽车开了过来，李俊等人迎了上去。

车上下来几位身着不同款式风衣的人，一位中等身材的人站在我面前，经李俊介绍得知他是县自然资源局的祝健局长。

几句寒暄后，祝局长用期待的眼光看着我说："这里的盐碱地成因是什么呢？"

"原因很多，主要在干旱和半干旱地区，含有盐分的地下水随着土壤毛管作用上升到地表层，水分蒸发后，盐分留在土壤表面，聚积而形成盐碱土。当然，不合理的灌溉等人为原因也能使地下水位上升，使易溶的盐类物质在地表积聚，从而形成次生盐渍化，人为地造成盐碱地的增多。"我回答道。

祝局长问："我们这里是干旱地区，过去可没有这么多的盐碱地啊。现在怎么突然这么严重呢？"

"季节性盐碱地的形成是干旱地区特有的现象。夏季雨水多而集中，大量可溶性盐随水渗到下层或流走，这就是脱盐；春季地表水分蒸发强烈，地下水中的盐分随毛管水上升而聚集在土壤表层，这是返盐。控制好季节性返盐，是非常重要的一环。"我进一步解释说。

"如何解决好这块土地存在的问题？"祝注视着田地问道。

我请李俊过来，对他说："挖开一个 30 厘米见方，深 25 厘米左右的土坑，向西一面切出一个 45 度角的斜面。"我吩咐李俊安排人按这个要求去做。

很快，一个年轻的小伙子挖好了土坑。

　　走到跟前一看，我愣住了。只见土坑接近顶部上沿15厘米处，有一层厚厚的纤维类物质把表土层与下方的耕作层隔断了，我铲下来一块，用力把这团纤维揉开，竟发现是未消解的干牛粪。

　　我不解地问："祝局，这块地以前改良过？"

　　祝局说："这是两年前的事了。我们把这块贫瘠的土地进行改良，在原来的土地上铺上厚厚的牛粪，又把外地优质的土壤覆盖在牛粪上，着实花了不少的功夫，可是土地仍然没有产出。"

　　我看着祝局满脸狐疑的神色说："这种客土改良的方法使用不当。耕作层土与表层外来土本来就很难连通，中间夹了如此厚的牛粪，土壤中的上下毛管连接起来就比较难，营养无法传递，土壤中水和空气缺少流动，土壤就会呼吸不畅，渐渐地土壤就失活了。"

　　"我们用牛粪是多了一些。"祝局说。

　　"有多少？"我问。

　　祝局回头问了一位年轻人。

　　年轻人说："一亩19吨。"

　　"为什么用这么多牛粪？"

　　"给土地增加肥力啊。"年轻人回答。

"牛粪是粪不是肥。未经完全腐熟的粪均不能称肥，直接施用会有问题的。"我说。

李俊走过来，用手捏了捏纤维物说："我们这里的农民都是在入冬之前把牛粪和一些树叶、草屑等混在一起，一堆一堆地摆在田里。第二年春耕的时候撒在土地表面，用犁头翻到地里做底肥，这不就是肥料吗？"

"李总，你看到农民把牛粪堆放在田里只是一个表象，其实这种传统的堆肥方法是将牛粪、枯叶、草屑、谷糠、秸秆等有机物混合后堆放在一起，微生物在堆肥中活动，消耗堆肥中的碳，排出复杂的碳链，快速繁殖。微生物繁殖会产生温度，最高的时候温度可以达到60多度，称为发酵。温度经过自然的多次升降，高温会把病原菌、虫卵、寄生虫幼体、杂草种子杀灭。最后温度自然回落到25度左右，堆肥的牛粪等就会发出腐殖酸的味道，肥料就成熟了，这个过程称为腐熟。这时候的堆肥才是真正意义上的肥料。"我解释道。

"这是科学堆肥，学习了。"祝局向我拱拱手致意。

"但是，温度不要超过71度。否则微生物繁殖的速度太快，堆肥的耗氧速率高于氧气进入堆肥的速率，好氧菌就会休眠，厌氧菌就会大幅度增加，堆肥中的氨气就会从堆肥里溢出，发出恶臭和异味。这样的堆肥看似有机肥，其实不能用，其中最有作用的碳元素失去了，氨基酸也失去了，有害的物质会充斥在堆肥的材料里。这样的堆肥不但没有肥效，还会给土壤带来负面影响。"我补充说道。

祝局说："我们两年前改良这块地的时候，花费了一定的人力、财力和物力，当时评估认为这种方法是比较合理的解决方案。按理说，即便是肥力不足，也不至于不长庄稼吧？"

我对祝局说："这不是肥力的问题，而是外来土与原土需要一个契合的过程。它们之间现在还是两层皮，中间的牛粪过厚，又没有很好地腐熟，夹生料在上下两层土壤之间形成隔断，变成'三明治'态，植物的根系不能从土壤中获取营养，水分和空气也不能在土壤中流动，就像生物离开水和空气不能存活一样，植物无法健康生长，庄稼也不会长得茂盛。"

天气越来越冷，夕阳渐渐把西边的山峦绘成一条条橘红色的暖流。

这时，又有几辆车开到地头，祝局介绍说他们是市内各个区自然资源局的领导，闻讯而来，想多了解一些土壤方面的知识。

看着一群对土壤有如此探索精神的干部，我打开了话匣子："土壤是人类生存的基本资源，也是农业发展的基础。自工业革命以来，人类改变了传统种植方法，追求用'化学'模式来生产粮食，大量使用化肥、农药，以此来增加农作物的产量，称为化学农业。但事与愿违，统计数据显示：经过数十年使用化肥、农药和除草剂后，农作物产量不但没有增加，反而大大减少了，此外，还导致了现今世界各国水源污染、土地流失、河道淤塞、海洋污化、生态变迁和疾病丛生等严重环境问题和社会问题。

"苏联著名科学家多库恰耶夫指出：土壤是一个自然体，具有起源和发展历史，是一个具有复杂和多样性程序和不断变化的实体。事实上，土壤是一个活生生的载体，它是由矿物、空气、水、有机质、微生物以及在土壤里生存的其他生物组成的。

"土壤有机物和腐殖土能够快速分解作物的残余物，使土壤变成稳定的团粒状聚合体，减少土壤硬化和泥块的形成，增进土层内部的排水功能，改善水渗透能力，增加保存水分、养分的容量。

"改良土壤的外在结构有利于耕作，增加土壤的水储藏量，减少土地流失，改善根作物的形成和谷物的收割。在土壤更深处，还有丰富的植物根系生物圈的形成，增进土壤中养分的循环。"

祝局长诚恳地问道："我们现在面临的土壤问题最主要的是哪些？"

我指着脚下的农田说："第一个突出的问题就是土壤酸化。1980—2000年，我国不同区域的耕地pH值下降了0.80单位，这种施用氮肥导致的人为酸化，其程度比酸雨所导致的土壤酸化高60倍以上。过磷酸钙、硫酸铵、氯化铵等都属于酸性肥料，即植物吸收肥料中的养分离子后，土壤中氢离子增多，易造成土壤酸化。长期大量施用化肥，尤其连续施用单一品种化肥，在短期内即可出现这种情况。土壤酸化后会导致有毒物质的释放，或使有毒物质毒性增强，对生物体产生不良影响。土壤酸化还能溶解土壤中的营养物质，在降雨和灌溉的作用下，向下渗透到地下水，使营养成分流失，造成土壤贫瘠，影响作物的生长，还会增加临近江河湖泊的面源污染，形成水体富营养化，危及水域中生物的正常生存。

"第二个是土壤流失。康奈尔大学的生态与农业科学专家戴维·皮门特尔教授指出：农药、化肥的过度使用导致全球耕地的土壤流失率比土壤补充率高 10 至 40 倍，例如美国的流失率比补充率高 10 倍，中国高 30 倍，印度高 40 倍。每年全球耕地所流失的面积相当于美国印第安纳州面积的大小，土壤流失的速度极为惊人。人类 96% 的食物来源于耕地，每年全球土壤流失导致 1000 万公顷的耕地消失和超过 37 亿人营养不良。

"《联合国防治荒漠化公约》预测，到 2050 年，土壤退化可能在全球共计造成价值 23 万亿美元的食品、生态系统服务和收入损失。《联合国防治荒漠化公约》第十五次缔约方大会说，全球所有未被冰层覆盖的土地中，40% 的土壤已退化，可能影响大约 32 亿人口的粮食供给。联合国粮农组织全球土壤合作组织负责人罗纳德·瓦尔加斯告诉记者：我们在全球性报告中列举土壤面临的 10 项威胁，其中土壤流失位列第一，因为这一现象随处可见。

"近 40 年来的土地流失已导致全球 30% 的耕地的破坏。60% 流失的土壤被冲至河流、小溪和湖泊，除了导致水污染外，由于淤泥的不断堆积，还造成河水、湖泊频频泛滥。

"土地流失降低土壤储存水分以供植物生长的功能，因而导致支持生物多样性的能力下降。土地流失使土地原有的水分、养分、有机物减少和导致土壤生物系统的破坏，使树林、牧场和大自然的生态陷入破坏局面。表层土流失，导致土地沙化，成为风沙和空气污染产生的重要原因。而被刮起的沙土中有 20 多种具有传染病菌能力的微生物，加速传染病的蔓延。预估到 2050 年，土壤流失可能减少将近 10% 的农作物收成。

"第三个是土壤元素达到临界值。美国哥伦比亚大学气候学院提供的数据显示，土壤的碳含量是大气层的 3 倍多，是所有活着的植物和动物碳含量总和的 4 倍。但是，长期使用化肥、农药会破坏土壤的整个生态系统，土壤中必需的各种元素退化并导致土壤板结，最终丧失了农业耕种价值。

"第四个是土壤中微生物含量低下。土壤微生物是土地活性指标之一，是土壤健康的晴雨表。现在农业种植对微生物重视的程度极低。微生物是我们最大的生物宝库。现在所知的天然抗生素基本都是从土壤中的细菌分离出来的。目前实验室条件下能够人工驯化的细菌仅为土壤中全部细菌的 1% 左右。

"大自然的无机界和有机界之间，无机界的土壤、水分、阳光等要素之间，以及有机界的微生物、植物和动物之间，都存在相生相克的自然规律。有机肥可以滋养土壤，一些植物和禽畜可以除去害虫和杂草，某些杂草和作物可以用作天然饲料。有机质丰富的土壤和一定组合的植被可以固水。大自然的这些相生相克的自然规律可以造就一个和谐、平衡的农业环境。对这些规律的认识和运用得当，低成本、高产出和无污染的生态农业就可以水到渠成。

"第五个是化学农业对环境造成负担。美国作家蕾切尔·卡森在《寂静的春天》一书中深刻揭露了化学农业给自然界带来的极大危害，化学农业破坏了生态平衡，改变了自然界的自然属性，失衡的环境对生物生存构成极大威胁，以致春意盎然的时节，人们再也听不到婉转动听的鸟鸣。

"第六个是土壤质量降低。我国耕地质量问题集中体现在'三片地'上：南方耕地酸化、北方耕地盐碱化、东北黑土地退化，这'三片地'的面积已经达到6.6亿多亩。黑土退化的一个主要原因是黑土层有机质下降，几十年掠夺性的种植方式让黑土中营养成分损失极大，有机质从原始状态的 5% 以上，降低到 3% 左右。而土壤中有机质含量提高 0.5%，在自然状态下需要上万年的时间才可能达到。"

我看着在风中站立的众人，停下了我的讲述。祝局长明白我的意思，连忙说："老师，这种天气我们习惯了，您尽管继续讲，我们乐意多听听，这是一次难得的学习机会。"

我理了理被风吹乱的头发，接着说："罗代尔研究所首席科学家利萨·阿夫沙尔说，土壤的健康涉及土壤的各个指标，例如化学、物理、生物指标等；健康土壤应处于完美状态，能为我们产出健康的食物。

"我国自 20 世纪 70 年代末期开始大量使用化肥，到 2011 年化肥产能接近峰值。这期间全国粮食增产了 87%，但化肥使用量增加了 682%。

"在所有导致土壤退化和污染的原因中，土地用途的改变也是重要的因素。不合理的土壤使用，使 1000 亿吨左右的碳从土壤中分离出来，并转化成大气中的二氧化碳，相当于火力发电厂 100 万亿千瓦时发电量所产生的二氧化碳总和。土壤生态改良直接参与到碳排放和碳中和中，减少碳的分离和溢出，对未来农业的意义非常重大。"

　　我把与土壤相关的资讯一股脑地倾泻给我面前的听众。我知道，他们不一定可以完全明白其中的道理，但是，土壤健康知识的启蒙一定要从基层抓起，让这些有情怀的"土地公公"对土地危机和土壤健康知识了解多了，土地被抛荒或改良方法不科学的情况就可以发生得少一些，理性对待土地问题的机会就会多一些，哪怕从一亩地开始做起，我也满足了。

　　"土壤就是人体的一面镜子，人能从镜子中看清楚自我。"我对在场的听客如是说。

　　"田地灌溉的水源在哪里？"我望了望四周，没有看到灌溉渠，便问道。

　　"前面堤坝下面的河流就是水源。我们这里通常在春季的时候用漫灌的方式浇灌土地。"祝局指向不远处的土坝说。

　　我们沿着一条还可以分辨路基的石子路走上突起的堤坝。

　　堤坝上的岸边长满了在疾风中挣扎着的各种野草，淡淡的绿已经预告春天的来临。

　　堤坝下一条河无声无息地流淌着，在风的作用下，水面上不时叠起一层层的涟漪。

"这是条什么河？"我望着河面有限的水流问。

"滦河。"随行的总工张波说。

"原来是滦河。"我自言自语地说。

李俊指着弯弯曲曲的河流说："滦河是北方的河流，是孕育我们河北、内蒙古、京津地区的母亲河。我们这里世世代代的人都是饮用滦河水长大的。"

李俊又指着高处经幡飘动的建筑物说："滦河的高处是转佛山，那些经幡飘舞的敖包还保留着蒙古人传统的习俗。"

坝上高原，随处可见风能和太阳能设备的身影，看似宏大的建筑物，无论如何搭建，都难以与大自然相协调。这或许就是物质需求与自然存在的区别。

滦河发源于河北省丰宁县西北部山区，向北流经内蒙古高原、张家口坝上草原，再转向南流经燕山山脉，一往直前地奔向大海。滦河是河北省内第一大河，全长888千米，流域面积为44945平方千米。

滦河上传来一阵阵的蛙鸣，把我从沉思中唤醒。一排排胡杨林树叶发出哗哗的声音，旁边的祝局等人都一声不响地站立在风中，风衣衣摆发出啪啪的声响，似乎在提醒我什么。

我静静地望着滦河，思绪无限。灵感打开思绪的闸门，我急忙拿出手机，在备忘录里快速记下在脑海里一闪而过的诗句：

张家口见闻录

冀北张家口

沽源的疾风

赤城的青山

崇礼的雪晴

滦河的记忆中

九曲十八折的湿地

拍打双翅的鹳鸟

盘旋在转佛山的雀鹰

风推曼舞的长臂

山野中在阳光下闪烁的硅晶

大泽中变幻莫测的冷艳

无处不辉映着坝上的晶莹

河水在沉寂中流淌

雾霭中炫丽的卷云

蜿蜒崎岖的神奇长河

萦绕耳畔余音犹在的蝉鸣

飞扬在草原上的牧歌

永恒不变的马背上的传说

敖包孤独中飘展的经幡

演绎着曾经的蒙古文明

水面上跳跃的高背鲫

傲立风中傲向空中的胡杨木

天边飘逸微凉的雨丝

洒在脸上那是久别的轻盈

我站在高高的堤岸边

极目眺望着苍茫大地

已是信心满满

牵来朝阳与我结伴同行

我们伫立在滦河的长堤上，夕阳的余晖照亮每个人的脸庞。

风没有减弱的迹象，呼啸中带着激奋的呐喊，渐渐散落在荒芜的大地上。

呐喊声在云端响彻：救救土地！救救土壤！救救生态！

枣园中的学问

自然农法

微生物

遍地的绿

土壤生物多样性

　　陪我一起考察台湾生态农业的张子旺、皮特先生建议我去看看高雄的枣园。

　　我刚刚从新疆回来。在新疆阿克苏看了很多枣园，我表示到台湾就不要再去看枣园了。但是，皮特先生告诉我，台湾的枣园和大陆的不太一样，既来了，还是去看看两地间的枣子有什么不同。

　　从台北沿着中山高速公路一直向南，到了高雄的出口，我们下了高速公路。

　　在一个周围盖满民居的自然村落里，我们走进了绿荫如盖的院子，林子源先生非常热情地把我们迎到庭院中，庭院里摆了一张宽大的茶桌，可以同时围坐十几个人。茶桌旁已经有几位男士在喝茶。

皮特向林先生说明了我们的来意，林先生请我们入座，然后拿出一个摆满茶包的盒子问我们喜欢喝什么茶，我指着标有乌龙茶的茶袋说："就喝冻顶乌龙吧。"

林先生边把茶叶放进一个紫色的茶壶里边说："稍等一下，我们青枣班的班长马上就到了。"

我不解地问道："你这里还有以班为单位的建制？"

"我们这里的班是一种松散型的组织，类似于大陆的农村合作社。"林先生回答道。

一位年长一点儿的男士用浓重的台湾口音说："我们这里有各种各样的班，每个班都非常专业。我们这个班是青枣班，就是种青枣的专业班。"

"能做班长的人必须有一定技术专长，还要有比较高的威望，说白了，既要有技术、有人缘，还要有经营头脑，这不是随便哪个人都可以胜任的。"林先生斟满一杯茶水说道。

我听了以后笑笑说："在你们这里当个班长还是蛮难的。"

说话间，进来一个风尘仆仆的男子，脚上穿着一双十字拖鞋，头上戴着一顶遮阳草帽，边走边客气地说："抱歉，来迟了，有失远迎。"

林先生说："班长来了，我们都称他枣先生。"

枣先生也姓林，据说这个地方林姓特别多。为了便于与枣园主林先生区别，我就称他为枣先生了。

过了一会儿，门外进来了一位穿着讲究的中年男子，虽然不是西装革履，但也是风度翩翩。林先生告诉我们："我们都叫他韩老师，他是一个生物学家，曾经在一家生物制剂公司担任技术总监，后来为了服务当地的农民，他辞去了原来的工作，现在与我们打成了一片。每个礼拜都会来我们这里一次，指导这里的农民制作简单自用的微生物制品。"

韩老师礼貌地与我们打了个招呼，坐下来说："我们比较重视自然农法在农业生产中的应用，在此基础上，我们推广简单可行的微生物技术，属于生物农业的范畴。这里的每一家果园都会有一个小小的独立的生物生产系统，每次制作量也就是几百公斤，这对一个枣园来说已经够用了。所以现在你看看这个果园，完全用自然农法方式来种植果树，微生物增强了土壤的肥力，激活了土壤中的活性。"

韩先生放下手中的一卷资料接着说："自然农法不是我们的发明创造。神农氏是中国古代农业的鼻祖，发明了农业的耕种方法，教人们学会了种地、收获，所以他是中国农业的发明人。那时候人们种植的方法就是遵循自然农耕的原则种植农产品。我们在台湾一直沿用自然农法来种植农业，一是减少化学农业对土地的危害，二是要让消费者吃到更加安全的食物，三是要把农业恢复到中国老祖先创造的农耕文明上来。"

我点了点头说："这也是我要坚持和坚守的农业自然法则。"

在林先生的建议下，我们走进枣园。

林先生的枣园是一处四四方方的园子，塑料大棚覆盖整个枣园，听林先生介绍，这个枣园有 6 亩土地，一亩地可以种植 24 棵枣树。

每一棵枣树修剪的形状像一只凌空展翅欲飞的大鹏，枝繁叶茂，果实累累。更令人惊奇的是整个枣园的地面就像铺了一块绿色的地毯，青草碧绿碧绿的，走在上面暄软如毯。

韩老师指着地面说："你们看，枣园地面上的放线菌的菌丝遍布整个区域。放线菌属于原核生物，因其菌落呈放射状而得名。

"放线菌大多有基内菌丝和气生菌丝，是最著名的抗生素产生菌，其中的链霉菌属所产生的抗生素占总数的三分之二以上。放线菌产生的酶早已在工业上应用。

"放线菌与多种非豆科植物共生，形成根瘤菌，可固定大气中的氮，其在自然界的氮素循环中也起着一定的作用。放线菌较一般细菌、真菌生长慢，通常在有机质分解的后期能加速生长、繁殖，从而加快腐殖质的形成，促进有机肥料的分解，有利于植物吸收。

"放线菌分布在含水量较低、有机物较丰富的呈微碱性的土壤中，最大优势就是可以把很多土壤病害控制住，而且还可以给果树提供更多的营养，因为放线菌的菌丝很长，它可以把远处的一些营养物质拉近到果树的根系附近。"韩先生蹲下身来，指着处处可见的菌丝说。

放眼望去，地面上的一团团淡白色的放线菌伸展着穿过厚厚的草丛，铺在草地上，可以感受到枣园里的勃勃生机。

"非常小的单细胞微生物彼此之间有一种奇妙的电子连接机制，当某一种微生物（不管是有益的还是有害的）达到一定的浓度和密度之后，它们之间的电子连接会自动激发。当土壤中有益微生物多的时候，它们的群体感应就会被激活，这种群体感应现象带来趋同性。植物从阳光中吸收了二氧化碳，通过根系分泌多糖物质作为微生物的食粮，微生物消解了这些营养物质之后，会组成菌丝体，为植物根系分泌植物所需要的微量元素。这就是微生物的神奇之处。"韩先生继续他的话题。

当我问及青枣在台湾的销售情况时，林先生说："这里的青枣年初已经全部被客户订购了，他们提前支付了青枣的预付款。我们只需要把枣园打理好，按照客户的需求寄发给客户就可以了。"

我们重新回到茶桌前，林先生更换了一包新茶，说道："听说您在大陆也是做生态农业的，我们想听听您的经验。"

"经验谈不上，我在国内做了一些有益的示范，比如改良上海葡萄园就用的类似这个枣园的做法。"我说道。

韩老师问："用生物菌剂吗？"

我点点头说："是的。精致农业离不开微生物。"

"您的做法是怎样的？"韩老师问。

我回答说："生物制剂的配置是依据土壤的基础数据来设计的。我们研发了木霉菌的配制工艺，利用产生抗生素或细胞壁分解酵素、竞争养分或寄生及诱导植物自体防御反应等机制，达到防治植物病害的目的。这样，微生物能够快速改变土壤生物多样性的环境。

"其实，与植物相关的微生物，不论是有益或有害，都在植物生长发育的各个阶段有直接或间接的应用性。对植物有促进生长或保护功用的有益微生物，除了可以用来当做植物的生物肥料或生物农药外，也可以进一步把其中具有植物保护作用的基因分离出来，转入其他微生物或植物中，达到更直接、更好的植物保护效果。如一些源自拮抗微生物的病菌细胞壁分解酵素，也被转入植物的叶表面或根圈微生物中，因而扩展了它的应用性。这就解释了为什么强势微生物可以异化周围的弱势微生物。

"我在上海刚刚着手改良葡萄园的时候，整个葡萄园里的土地硬邦邦的，走上去感觉脚下不是泥土，而是水泥地板。上面的杂草根本拔不下来。跟我一起去的技术人员看到土地的状况，都感觉太困难了。

"我们没有放弃，而是采取复合生物技术进行土壤优化，附近的果农也过来观看，他们想知道不用农药和化学制品的果园是否可以结出果实来。

"半年之后，土壤中的生命力重新回来了，可以在土壤表层看到蚯蚓、金甲虫、小蜘蛛的身影，葡萄园慢慢开始恢复了生机，绿草铺满了葡萄园。青草起到涵养水分、调节温度、为更多的生物提供生存环境等多重效果，生物多样性所产生的友善环境也使果实品质得到了很大的提升，被消费者誉为吃到了儿时的味道。其实，这是所有水果的本真之味，我只是用恢复生态的做法，还原了植物本身的自然属性。有一个在美国留学回来的学生，她的孩子在果园里吃了我种的葡萄之后，市面上销售的葡萄他已无法接受。生态种植的优质农产品的味道融入他们幼小的味觉器官中，并存留在心里。"

那天，我们与台湾农业第一线的专业人员和科技指导者一起敞开心扉，探索生态农业的未来，一直聊到太阳快要落山。

我们起身告别林先生准备返回台北，林先生执意留下我们与青枣班的同事共进晚餐，他说："能够与来自大陆生态种植方面的专业人士交流两岸农耕的经验和心得，非常有意义。我们当尽地主之谊。不过，我们这里以海鲜为主，晚餐就安排在宜兰港。几乎来台湾旅游的人，都会到那里去品尝地道海味。"

我和张子旺、皮特先生先期到了宜兰港。

宜兰港，位于台湾省宜兰平原南侧山地边缘的苏澳湾内，三面环山，湾口向东南方敞开，左右各有一弧形小半岛将港湾拥抱。丁字形的港湾内渔船辐辏，桅樯林立。每当夜幕降临，渔舟唱晚，星火点点，令人陶醉，被称为兰阳八景之——苏澳蜃市。

苏澳湾的水面上停满落下桅杆的捕鱼船只，捕鱼船全是用蓝、黄和酱红色相间的油漆染成。桅杆上飘舞的彩旗，那是区分船家的徽记。

百十米长的街区，悬挂着各色招牌的海鲜餐馆比比皆是，还有布满了整条街的海鲜销售摊铺。

我们走进了一家标有"渔民之家"招牌的餐馆，这是林先生预先定好晚上就餐的地方。餐馆面积不大，很整洁。进去之后，墙壁上挂着的一只超大的长腿蟹标本让我们大开眼界，那是一只两条前臂足有一米长的巨蟹。

过了片刻，林先生等人一起走进餐馆。他们全部更换了衣衫，我竟一下子没有认出来，从穿着打扮上根本看不出他们还是刚刚在枣园中漫谈的枣农。

林先生走过来坐在我旁边。他戴着一副精致的眼镜，皮鞋擦得铮亮，还系了一条领带。

我笑着对林先生说："你可以变戏法了，这身装扮就像大陆常见的'台湾范儿'。"

　　林先生笑笑说："我们平常很随意，因为你们是从远道而来的贵客，为表示尊重才会穿得正式一点。"

　　晚餐所吃的食物都是在大陆平常见不到的，沙鲛、鱼墨，还有叫不出名字的海产品。

　　一瓶金门高粱酒在相互敬酒中饮罄。

　　华灯初上，我们结束了晚餐。

　　走出渔民之家，看着苏澳湾畔停泊的渔船、熙熙攘攘的游客，听着海产品的叫卖声，我禁不住写下这样的诗句：

宜兰拾趣

宜兰海边

天是那样的娇蓝

水是那样的碧绿

人是那样的谦和

苏澳港湾

百帆遮蔽了阳光

千舟横卧在汪洋

万桨搅动着旋涡

天域之大
你可识得巨蟹
可曾懂得沙鲛
可曾品尝鱼墨

一席薄酒
映示骄阳的昨天
念想早已久违的鸥鹭
还有层云深处蜃楼的交错

岸边陆角
内埤湾① 喧嚣的鱼市
捕捞归来的蓝舢
渔女草帽上摇动的红螺

宜兰海边
举目远望海的彼岸

----

① 宜兰苏澳港内海湾名。

波涛中依稀可见山的飘荡

那里是归鸿的阡陌

返回台北的路上，我与张子旺和皮特先生谈起这次探访台湾枣园的收获，兴致未减。青枣班自然农法的坚持，让我看到：看似不起眼的青枣种植，其中的学问超乎我的想象。

每一个行业都有其特殊性，只要本着勤奋执着的精神，行行都能创造出奇迹。

尤溪山谷中的能量 ①

地球的磁场能量

地球生物的生存与健康

　　一个充满寒意的深秋，我接待了来自福建尤溪县的领导梁勇书记。见面之后梁书记直奔主题："我从陈锋那里得知位于尤溪的包溪地带有地磁能量，想听听你的见解。"

　　我拿起桌面上一本由台南科技大学李天来博士写的《尤溪五丰生态园地磁能量检测报告》递给梁书记，"这是李博士在包溪山谷里进行地磁能量检测后写的一份调研报告。"

　　"我已经看过了，与李博士也有过交谈。你的意见呢？"梁书记看了一眼报告的封面说。

　　"梁书记，讲到地磁能量就必须要讲宇宙能量。宇宙

_____

　　① 本文尤溪能量测量部分引自台南科技大学李顺来博士的《尤溪五丰生态园电磁能量检测报告》。

能量遍及世界任何一个角落，无所不在。它连接着银河系、地球、人类，甚至每一个分子，是众生万物之间的空间，是使整个宇宙井然有序的连接键。宇宙能量就是生命的势能，是维持生命秩序和扩展意识的要素，是所有行动和生理功能的基础。"我望着坐在对面仔细聆听的梁书记说。

"宇宙能量是从地球的核心延伸到地球外层空间的范艾伦辐射带[①]，这范围中的地表与电离层间，有一个 7.83 赫兹的同心圆共振腔存在着，这个共振腔就是堪舆学中'气'运作的时空场所，地球上所有个体量子共振沟通网络就以此频率为主要频波。

"地球拥有一个磁场，它使罗盘在地球表面上向北偏转。我们通过指南针指向的一条线来表示在地球表面上或上方的任何点位处的磁场。磁场轴线 θ（θ 为线圈的轴线与磁场方向的夹角）相对于地球的自转轴线 θ 倾斜 12°。地球自生磁场[②] 的理论称为'发电效应'。

"电磁波作为振动电流，其电源的强弱和方向在不停

[①] 范艾伦辐射带是环绕地球的高能粒子辐射带，1958 年由美国物理学家范艾伦（Van Allen）发现，以其名字命名为"范艾伦辐射带"。

[②] 地球自生磁场又称为基本磁场，主要由地核内部电流的对流形成，它是一种内源的磁场。

地变化，因此而产生的电场和磁场在时间轴上发生变化。电磁波被放射到空间，电场的变化导致磁场发生变化，磁场的变化又导致电场发生变化，电磁波在空间内不断扩展，到达远方。"我继续解释说。

梁书记似懂非懂地望着我。

"梁书记，地磁能量是一个比较复杂的学术问题，一下子不一定可以解释清楚。这样吧，我最近要去尤溪与陈锋商讨那里的地磁能量开发利用的事情，不如我们在那里实地讲解，会比较容易理解。"

尤溪，宋朝著名理学家朱熹就出生在那里，朱熹别称朱子、朱文公、紫阳先生。现在，朱熹的老宅——南溪书院，仍然屹立在尤溪县中心。

由于朱熹的影响，尤溪自古以来就有读书和崇礼的良风。自宋朝以来，联合镇的村民使用木犁、锄头等工具开垦梯田、种植水稻，在险峻的金鸡山中创造了神奇壮丽的梯田，成为村民几百年来的主要农耕方式。

联合梯田通过山顶竹林截留、储存天然降水，再以溪水形式流入村庄和梯田，形成特有的"竹林—村庄—梯田—水流"的山地农业体系。春天，农民给田里灌水浸润田泥；春耕时，小孩们下田摸田螺、捉泥鳅；到插秧时，农民种上田埂豆、放些鱼苗，鱼能减少田中杂草生长和虫害的发生，田埂豆发达的根系能保护田埂；收获时，再放干田里的水，收鱼、收水稻、收黄豆。收获后，鸭子、山羊等被赶入田中，觅食遗散的谷粒和新长出的杂草。动物粪便、作物秸秆和豆类的固氮功能，使土壤肥力不断提升。

梯田垂直落差 600 多米，绵延数十里，田在山中，群山环抱，土墙灰瓦的村落散落其间，一派与世无争的安静祥和。

2018 年 4 月 19 日，福建尤溪联合梯田在第五次全球重要农业文化遗产国际论坛上获"全球重要农业文化遗产"的授牌。

与梁书记见面后不久，我到了福州。陈锋到长乐机场接到我后，我们就沿着弯曲的山路回到尤溪包溪农场。

"这是紫阳湖，是用朱熹的名字命名的。"陈锋指着远处一堵高高的水坝说。

陈锋出生在尤溪，书香门第家庭，自幼就受到极好的文化熏陶，比起一般的知识分子，他对事物的判断增添了理性分析的成分。

包溪农场是他与台湾投资人共同建立的，已经辛勤耕耘了十几年。农场的前身是一个军垦农场，后来转交给地方政府，政府就把农场划给国营林场进行管理，改革开放之后才由投资人到这里进行规划，设计成一个整体性的生态农业示范区。

包溪紧邻山麓，山泉水和山林集水汇集成十几条山溪，在包溪农场附近汇成河流，一直流入紫阳湖内。

包溪数千个品种的蕨类植物，顺着山势，沿着溪流，贴着岩壁，千姿百态地争奇斗绿。因此，包溪素有自然蕨类植物园之称。

傍晚时分，梁书记如约而至。

梁书记四十开外的年龄，充满了活力，对新事物尤其上心，喜欢把他关心的事情问个明白。

我们坐在包溪农场简陋的办公室里，陈锋泡了一壶产自园内的茶叶给我们喝，还拿了一个已经剥开了皮的柚子放在桌子上，说："您们品尝一下包溪山里的柚子，没有使用过任何化肥和农药，纯自然长成。"

柚子青青的外皮、淡绿色的果肉，一股酸中带甜的香气扑鼻而来。

"的确不错，酸甜适中，美味可口。"梁书记称赞道。

山林深处传来一阵阵洪亮的公鸡啼唱，我顺着声音望去，只见鸡群在一只昂首挺胸的公鸡的率领下，从山谷入口处走向农场。

"鸡群回巢了。"陈锋说，"我们试着开展林下经济，在这里种植了几万株樱桃树和一些其他果树，树下养了几百只鸡。"

梁书记把目光收了回来，他所关心的是包溪地磁能量的事。

梁书记问道："我们如何有效地开发利用这里的地磁能量资源呢？"

我笑着答复道："地磁能量是一个比较新的课题，目前国内只有比较专业的学术机构将地磁学作为基础科学来探索，如何应用还不是很清晰。香港理工大学有一个学系，是专门培养地质勘查人才的，其中就有关于地磁能量的课程。

"当然，谈到地磁能量，不能不说到世界上最著名的发明家尼古拉·特斯拉，他发现了与赫兹波不同的纵波，后来的科学家把它命名为'特斯拉波'。美国的火箭工程学家托玛斯·潘艾丁把特斯拉发现的波命名为'标量波'。

"标量波不同于普通的电磁波。普通的电磁波是横波，又称赫兹波，遇到障碍物如水或金属等，要么被吸收，要么被反射，能量随距离增加迅速衰减（与距离的平方成反比）。而标量波属于纵波，它能与光和电磁波相乘，能通过金属和绢丝等传导，能储存在水、木材、石头及相关金属材料当中，具有负熵（能量和信息得到更为有序的传递）的性质等。

"标量波是潜在的压力波，并且是不具有正、负电荷的中性波，所以能穿透物体；它不会因距离的增加而衰减，所以它甚至能贯通地球，从地球的这一面穿透到那一面，一切的屏蔽对它都不起作用。实验中已证明它可用来远距离传输能量和信息，衰减很少，并推导出其传播速度可超过光速的数十倍。地磁波的能量振动与标量波的传输路径非常接近，都是以纵波的形式运行。"

梁书记笑笑说："这些对于我们来说，可能太专业了。"

我提议到山谷实地看看。

我们顺着山路走进山谷。

打开李博士写的报告书，我指着画页对梁书记说："您看，李博士使用灵摆来做测量，后来再通过量子分析仪器比对数据，具有很强的说服力。"

我们从入园之后的第一个开阔区说起：峡谷入口两边很高，入口很窄，具有藏风聚气的特点，谷内有一条小溪流入上、下两座小水坝，清晨与傍晚时分雾气蒙蒙，既可使山谷内的气温获得调节，也让山谷内的空气充满负离子，非常适合人们居住。地磁检测结果，灵摆的摆荡频率约为 55 ～ 60 次 / 分，属于普通地磁能量区。这个区域比较适合建设共享区，办公、接待、培训等基础工作可以在这里进行。画页上的文字陈述比较详细，梁书记表示已经明白。

在入园之后的第二个开阔区，峡谷入口两边也很高，入口比第一峡谷入口更窄，峡谷的左边为山壁，右边有一条小溪由峡谷的中间流过，地磁能量由第一颗石头开始凝聚。本区的腹地不大，聚气的效果比第一峡谷明显。地磁检测结果，灵摆的摆荡频率约为 60 ～ 70 次 / 分，属于比较高的地磁能量区。这个区域适合休闲度假，能让人轻松自在，放飞自我。

我们继续往山谷里走，到达入园之后的第三个开阔区。峡谷入口两边也很高，入口比第二峡谷入口还窄，峡谷的左边为山壁，右边有一条上游的小溪缓缓流过，本区介于第一颗石头与第二颗石头之间。本区的腹地明

显比第一热点 ① 大，聚气的效果比第一热点明显。地磁检测结果，灵摆的摆荡频率约为 80～90 次/分，摆荡的幅度也明显比第一热区 ② 大，属于超高地磁能量区。这个区域适合有轻微疾病的人们在这里进行疗愈，地磁波的振频能够减缓疲惫。

我们来到一个稍微平坦的地块，这是入园之后的第四个开阔区，峡谷入口两边也很高，入口比第三峡谷入口窄，峡谷的左边为坡地，右边有一条山溪沿着山脚旁的岩石边流过。本区的腹地明显比之前的两个热点大很多，聚气的效果更明显。地磁检测结果，灵摆的摆荡频率约为 90～100 次/分，摆荡的幅度也明显比第二热区大，约为第一热区的两倍大，属于极高地磁能量区。由此可知：第二峡谷的地磁变化属渐进式增加，地磁形态为洋梨型，聚气效果特别好。这个区域比较适合年纪大一些的中老年人在这里进行身心健康方面的疗愈。

我们站在入园之后的第五个高能量区，这个区域有一个人工建立的平台，能量来源是由其背面的两股气流由上而下，在进入平台后产生交叉能量流所造成的气旋

---

① 热点：能量较为集中的点位。

② 热区：能量汇集的区域。

能量场。由于山的坡度相当大，导致气流强劲，其中右边的气流比左边强，造成气旋顺时针旋转，形成强大的地磁场。右边有一条山泉水由上而下流过，这也加强了地磁强度。地磁检测结果，灵摆的摆荡频率约为每分钟100次以上，摆荡的幅度也非常大，是全园区内最强的能量点，属于特高地磁能量区。这个区域能量聚集度比较集中，适合进行高强度的头脑风暴交流，在这里脑际所接收的信息量会更多，反应更加敏捷。

　　按照李博士的分析，尤溪的地磁能量强度经检测，比一般都市的地磁能量强度高很多，整个园区都可测得比较强的地磁能量。园区的能量强度呈阶梯式变化。由入园第一峡谷区的普通能量区，渐进到第二峡谷的较高能量区，再到高平台的特高能量区。特高能量区的能量强度与巴马长寿村的能量相近。这种渐进式的能量分布有利于养生园区的规划。一般而言，身体欠佳的人并不适合直接进入特高能量区去疗养，过强的能量反而会造成人体的不适。能量养生渐进式的提高才符合自然养生概念。园区内富含有益人体的微量元素，如硒、锗、钒、钡、锌等，也值得开发成相关产品。

　　"地磁能量是如何产生的呢？"梁书记尤为关心地

问道。

　　"地球由一个固态的巨大铁质内核、液态的金属地幔和岩石地壳组成。地核的温度高达 5400℃左右，高温使地核中少量原子的电子脱离原子核引力从原子状态分离出来，变成了自由电子。同时，构成地核的少量原子失去电子变成带正电的离子，这是一种典型的低温状态下的等离子体。

　　"这种处于地心高压下的等离子体与常压下的等离子体很不一样，它们能在地核的巨大挤压作用下，像水中的气泡一样飘浮到地核与地幔的交界处，形成一层构成地核外层的'电子气海洋'。这层包围在地球固体铁核外的连续流动的'电子气海洋'就像有电流的线圈，遵循一个物理学的定律——运动的电荷产生磁场，地磁就这样形成了。

　　"地球的磁场属于弱恒定磁场，是各种生物，包括植物、动物、单细胞生物等具有生命特征的所有生物诞生、生长、进化过程中所依赖的环境物理能量场的基本因素条件。生物在生命过程中不断地吸收与消耗磁场能量，如果机体中的大分子、细胞、组织、器官中的微量磁性物质丧失了磁性，就会导致生物功能的紊乱或生物功能停止。"我尽可能用通俗的语言解释给梁书记听。

"地磁真奇妙!"梁书记惊叹道。

"强恒定磁场的磁场强度应界定在 0.01T(T 代表特斯拉,1 特斯拉等于 10000 高斯)的范围内。强恒定磁场分为均衡磁场和梯度磁场两种类型。国内外科学家做过很多关于磁场对生物细胞影响的试验,并提示长期工作在强磁场环境中的人们,不要全身性接触超过均衡磁场强度为 0.12T 的环境。

"在医学应用领域,临床试验证明,利用 0.24 ~ 0.45T 梯度磁场强度可以充分抑制肿瘤细胞的活性,使得肿瘤细胞生长缓慢,到施治 15 天后,肿瘤细胞停止生长,为磁疗医治肿瘤提供了有意义的试验依据。

"恒定磁场在作用于人体神经细胞时,可以镇静神经,达到止痛的效果,特别是对于神经衰弱、长期失眠、神经性疼痛等,具有显著的效果,对于创伤治疗,不但有止痛的效果,而且具有促进损伤细胞快速生长、防止感染的理疗作用。

"磁场能够直接影响生物大分子的空间构象,影响其活性和生物功能,影响蛋白质和酶的活性,影响生理功能。例如在磁场的作用下,三磷酸腺苷酶的活性提高,促使小肠吸收功能大大增强。因此，患有肠道功能紊乱的老年患者，可以使用一定剂量的恒定磁场能量、脉冲磁场能量缓解治疗便泌、腹泻、消化不良、吸收功能不好的病症。"

梁书记问："你所说的恒定磁场能量等是否长期存在？还是阶段性发生？"

"人类无时无刻不受地球磁场的作用与影响，地球磁场同空气、水、阳光一样是人类赖以生存不可缺少的要素之一。人在磁场作用下，相应形成了人体自身的磁场。据测定，人体心、肺、大脑、肌肉和神经等都有不同程度的微磁场。

"应用磁场作用于人体疾病治疗的方法叫磁疗法，主要方式是将磁体作用于人体穴位以调整经络穴位。"

我接着说："其实，我国古代就有用天然磁石治病、防病的记载。例如，《神农本草经》就记载，磁石主治固痹、风湿、关节肿痛；李时珍在他所著的《本草纲目》中也将磁石列为外用药物之一，并记载磁疗具有'散风寒、强骨气、通关节和消肿痛'的功能。在1961年召开的第一次国际磁生物医学会上产生了生物磁医学这门边缘科学。"

"尤溪的地磁能量是原来就有的，还是后天出现的？"陈锋问道。

"尤溪的能量谷的形成与台湾岛的地磁能量在一个地质板块中。台湾岛原本是中国古陆块板槽，约在四千万年前的蓬莱造山运动火山爆发后，约在二百五十万年前，再由菲律宾海板块及欧亚板块经由河川冲击流失堆积而成的地形。

"地球表面的地壳，有厚却轻的大陆板块地壳，以及薄却重的海洋板块地壳，大陆板块地壳与海洋板块地壳相互挤压，两个板块间的压力区，形成很强的应力区。将地球东西向转成上下方来看，由太平洋火环带所围成的水半球，与以欧亚陆地块为主形成的陆半球，两者相互交错，碰撞磨擦，就出现一种能量累积的区域，台湾就坐落在这种地球零级的大地能源库中，这使得台湾位于整个地球太极能量场的枢纽重心。

"荷兰科学家亚柏证实中国台湾土地上蕴含着较世界知名的美国亚利桑那州瑟多那市更高的能量。亚柏在荷兰测得的能量半径值是 2500 米，美国瑟多那市是 4000 米，台湾地区阳明山上的竹子湖及新竹北埔的有机农场的能量值半径高达 5500 米，远高于他所从事研究的德国、比利时、东非、秘鲁、墨西哥、波多黎各等 10 个国家和地区的地磁能量。台北的大安森林公园、龙山寺也测得了 3000 多米以上的能量半径值。

"福建与台湾一海之隔，与台岛水域紧邻，海底脉系相连相通。地磁能会在这一区域内得到串连和相互作用。尤溪山脉的森林资源、地貌与生态环境人为破坏比较少，保有了自然形成的风貌与特殊的地形地脉，使得尤溪能量线绵密，地磁能量活跃，这是尤溪土地富含高能量的主要原因。"我解释了台湾与尤溪之间特有的地质构造自然形成的可能性。

"地磁能量的利用价值在哪里？"梁书记问道。

"地核犹如强力的磁铁，可散发出磁力，称为'地磁气'，地磁气往天空散发，在距离地表约 100 千米处，与来自太阳的太阳风射线，月亮、银河系中的其他星体发出来的射线相遇交汇，再加上地球自转公转的影响，形成了'电离层'，球体状的电磁波层与地球本身之间所形成的空间，称为'共振腔'。

"地磁波层的电磁波频率自最低 3 赫兹开始，到外层最高为 60 赫兹。3 ～ 60 赫兹电离层中，在 7.83 赫兹处，有一非常强的最高峰电磁波，往外则在 14.3 ～ 39.8 赫兹之间，都可测到较高强度的电磁波。

"超低频电磁场可以直接影响到带电粒子（钠、钙和钾），这种现象称为回旋共振。暴露于稳定磁场带电粒子开始的圆周运动在垂直磁场中移动，电荷[①]与质量[②]的粒子，以及该磁场的强度之间的比率，确定其轨道的速度。

"粒子旋转以一定的频率和电磁场被加到振荡，在完全相同的频率垂直于磁场，能量从电磁场到颗粒，会导致振动更迅速地传送。外来电磁场起到初始触发的作用，触发了生物体系自身的信息回馈系统，引发了基因分子群或细胞群体非线性的共振响应，纠正了分子或原子的运动状态，即改变了静态信息储存。

"从经络学来看，我们身上的穴道都是磁场，我们的内分泌系统也全都是磁场：甲状腺腺体荷尔蒙主要是钾离子，副甲状腺里面主要是钙离子等，这些电离子所形成的磁场全都可以跟外界电磁波感应和共振。人体产生的磁场分为两种，由伴随体内细胞膜内外离子运动形成的生物电流产生的电磁场，又称变动磁场。自然界含

---

① 电荷，带正负电的粒子。
② 质量，又称质荷，是粒子的一种性质。

铁性成分及某些磁性物质经呼吸道吸入或消化道进入体内而在体外形成的磁场，称为生物磁场。生物磁场检测的信息主要是生物体内伴随生物电流活动而产生的磁场，如心磁、脑磁、肌磁等。人体内的生物电流是以人体纵轴为方向的，因此，躺下睡觉时应以南北向为主，即顺地球磁力线方向。地球磁力线不会产生更多电流来影响人体固有的生物电流规律，从而保持人体健康。

"俄国学者发现，睡眠时与子午线平行的人，和与子午线呈45°斜角而睡的人，他们的脑波活动值有明显差异，呈斜角时比平行时的 δ 波与 θ 波这种深度睡眠波多了13.3%。说明睡床与地磁的磁力线角度同休息与睡眠有关系。"

"明白了。李博士用的灵摆是什么技术？"梁书记问道。

"李博士所用的灵摆是欧洲早期寻找矿脉和水源的工具，已经有数千年的历史了。灵摆能感测地磁能量，若灵摆呈顺时针旋转，表示地磁与人体生物频率形成建设性的共振，代表该磁场对身体有益；若灵摆呈逆时针旋转，表示地磁与人体生物频率形成破坏性的共振，代表该磁场对身体有害；若灵摆不动，则对人体无影响。灵摆摆动的频率越高，代表磁场强度越强；摆动的范围越大，代表磁场的范围愈大。

"地磁能量检测技术是远古时代的农夫为了寻求好的地理环境发展出来的。这种技术需调整人的基础生物频率，使之与地磁频率达到协调的共振状态。假若地磁强度比较强，会使人体的生物频率达到共振放大，此时人体皮肤表面的电传导率会增加，这股微电流会循着人的手被传导至手握的检测工具，一般为寻龙尺、灵摆或罗盘。由于电的流动会产生磁场，这个磁场就会驱动检测工具产生摆动，由检测工具摆动的状况不同，就可以判定地磁能量的强弱。"我解释道。

返回到农场办公室，天色已经渐渐暗了下来。我们坐下来，一边喝茶，一边聊一些包溪未来开发的事。

"尤溪地方这么大，山林沟壑处处皆是，为何只有包溪这里才有地磁能量的聚集，其他同样类型的山区却没有这样的情况呢？"梁书记问道。

"您问得非常好，这是一个很重要的问题。"我指着峡谷入口处的一座正金字塔形的山丘说，"金字塔的能量是一种再生力量，被称为生物宇宙能。根据大金字塔研究会成员之一乔·帕尔的说法，任何金字塔状的形状都会吸引和促使特定的质量颗粒形成，而正是这些质量颗粒形成了球状的能量场，也被称作容量球。捷克工程师卡里尔·杜拜尔用马粪纸，按胡夫金字塔的比例做了模型，进行了多次的试验。一次，杜拜尔把刮胡刀片放在模型内，发现刀片变得很锋利。1949 年杜拜尔申请了‘法老磨刀片器’的发明权。杜拜尔假设，来自太阳的宇宙微波，通过聚集于塔内的地球磁场，活跃了模型内的振荡波，使刀片‘脱水’从而变得锋利。为此杜拜尔认为各种形状，如圆锥形、球形、正方形、金字塔形等，都能通过宇宙射线或阳光改变其内部的宇宙波。正是由于金字塔形的山丘耸立在峡谷出口的正中线上，谷内的地磁能量的耗散就受到抑制，这才形成峡谷内越往深处走，能量的聚集浓度越高的物理聚合的现象。”

“原来是这样啊。”书记笑着说，“真没有想到，一个小小的山谷，里面竟有如此深奥的学问。”

太阳的余晖已经燃烧到山顶的树梢，霞光穿透林间的缝隙，洒落在包溪山谷的每一处角落，层层披上五彩的霞光。

我沐浴在这美丽优雅的自然态的情景中：

尤溪能量谷

那天

水杉高傲地立在山顶

藤蔓蜿蜒地缠绕在山坳

那云

摇曳着若舒若卷

变幻中似仙似妖

那雾

吸纳着山的灵气

吞吐着绿色的丰娆

那山

耸立着绵延向东

巍峨中满是恢宏的骄傲

那水

穿越千重层岩

每一滴充盈氢氧的美妙

那地
葱郁中铺就新生
灿烂中伴随着寂寥

那湖
饱蘸朱子千钧之力
挥染儒家文化的深奥

那林
昨日残阳浸染依旧
叶蝉鸣唱今日的天娇

那晚
明月拉出折叠的丝线
星辰闪烁天际的荣耀

梁书记看着灿烂的晚霞，悄声地问道："包溪能量谷的事情，我请教了一些专家，他们都不置可否。我想知道，这里的能量是否具有科学性？"

我微微一笑，回答道："梁书记，你的担忧我理解。科学无边界。科学需要探知不可知的世界，至于是否成为真理不是主要的，关键是客观存在。人类对宇宙的认知还不到 5%，另外的 95% 要靠人们的不断探索才能求知。暗物质、暗能量、黑洞、宇宙风等，迄今为止，人类文明依旧知之甚少。比如哥白尼当年提出'日心说'的时候，没有任何证据可以证明他的观点是正确的，他只是发现古希腊天文学家托勒密'地球宇宙中心说'中存在许多的漏洞。只有把太阳移到宇宙中心，让地球和宇宙星辰围绕太阳转，这些困扰学界的问题才有可能消减。他提出的'日心说'，改变了人类对自然、对自身的看法。当时罗马天主教廷认为'日心说'违反了《圣经》，哥白尼认为'日心说'与《圣经》并无矛盾，经过长年的观察和计算完成了他的伟大著作《天体运行论》。直到他逝去百年之后，'日心说'的证据——金星盈亏、光行差和恒星视差① 才被科学界最终确认。如果没有哥白尼的大胆假设，'日心说'或许就不会出现。因此，我认为科学是探索求知的过程，把一个假设目标作为探索

———————————

① 恒星视差是天文学中恒星距离产生的视差效应。

目的并为之实现，达到一个新的理论和认知高度，那才是真正意义上的科学。科学需要在探索中求真，在纠偏中求证，在黑暗中寻找到光。"

我喝了一口茶水接着说："尤溪的地磁能量是实实在在存在的物质，已经不需要假设，利用现有的工具就可以确认，我们现在需要做的事情就是如何有秩序地开发利用。其实，全世界类似尤溪包溪山谷中的地磁生态环境被合理利用的案例已经很多，不胜枚举。比如覃玉荣、张志勇、甘延锋等研究人员在《地磁环境对广西巴马人群长寿的影响》（发表在 2016 年《现代生物医学进展》杂志）一文中说：广西巴马县各村人群长寿发生的概率和地磁强度之间的变化曲线符合磁场生物效应的'功率窗'变化特性，初步研究认为，地磁环境是影响人群长寿的一个重要因素。在广西巴马县境内不同村庄，首先采用入户调查问卷，核实长寿（85 岁及以上年龄）老人数量；其次用高精度智能磁力仪测试相应各村镇的地磁强度；再次基于 GIS（地理信息系统）技术绘出巴马长寿老人的空间分布图，最后研究巴马地磁和长寿发生概率之间的变化关系。

"结论：（1）巴马长寿老人空间分布呈非均匀性，县境内存在'长寿集落区'（主要分布在石山地带）和'非长寿集落区'（主要分布在土坡丘陵地区）。（2）'长寿集落区'的地磁强度普遍比'非长寿集落区'高。（3）地磁强度和长寿率之间的变化关系呈'功率窗'曲线：当地磁强度小于约 46650nT 阈值时，长寿发生概率随地磁强度的增加而升高；当地磁强度超过该阈值时，长寿发生概率随地磁强度的增加而减少。一般地区磁场约在 0.25 高斯，而巴马的磁场高达 0.58 高斯，是一般地区的两倍多。随着磁场强度的加大，人体细胞离子运动的动能也会随之增加，进一步提高了细胞膜内外离子的通透率，加快了细胞的新陈代谢。"

地球的天然磁场，是大自然对地球生命的馈赠。

那天晚上，我和梁书记一起，住在包溪农场简陋而整洁的客房里，望着窗外空中闪闪的星光，我们畅谈了很久很久……

便水岸边的救赎

微藻消解土壤和水中的重金属

　　从湖南永兴高铁站出来，我和周亮一起在山水银都酒店住了下来。

　　银都酒店位于便江的左岸，从酒店高层眺望可以看到江中央有数个自然形成的岛屿，离酒店最近的小岛只有一箭之遥，岛上郁郁葱葱的植物和飞翔的水鸟，若虚若实的农舍，在晚霞中此起彼伏地闪现。

　　傍晚时分，永兴农业公司的马永军总经理约我们去对面的小岛上就餐。

　　我望着缓慢流动的江水，不知道如何到达对岸。马总看出我的心思说："不着急，一会儿有船来接我们。"

　　话音未落，一只乌篷船从水湾深处划了出来，一位身体健硕的男子驾着船直奔我们而来。

　　上了船，小船向着小岛驶去。

　　我坐在船舱里向外欣赏便江的风光。

马永军指着远处灯火萤烁的建筑物说："那里是安陵书院，建在便江风景区内一个独立的小岛上。"

远处，灰蒙蒙的夜幕中依稀可见巍然矗立的建筑物，我对马永军说："我知道长沙有岳麓书院，没想到永兴也会有如此深厚的古代文化底蕴。"

马永军说："安陵书院始建于宋代，因永兴古号安陵而得名。书院鼎盛时期，成为湘南第一书院，素有'北有岳麓、南有安陵'之称，独领风骚三百年。清末毁于战火。2006年重建安陵书院。书院以苏州园林式的古典建筑风格为基调，名树古木遍布园内，亭、台、楼、榭、假山相映成辉。安陵书院是郴州人杰地灵、人文荟萃的重要象征。书院既是文化、经济等领域高层聚集的高雅场所，又是文人墨客的精神家园。"

晚餐在农家土菜馆谈古论今中开始，在其乐融融的氛围中结束，一盘金橘成为我们结束晚餐的餐后果品。

那一晚，我们在这秋虫唧唧、典雅恬淡的田园色调中酒兴未尽，每个人离席的时候都满了醉意。

餐馆主人继续驾着他的乌篷船，送我们过江回到酒店。

到了酒店大堂，马永军提议我赋诗一首，我借着酒兴，挥毫写下：

永兴夜渡
——写于山水银都酒店

沉麓托圆润，
岩深披银辉。
秋屋三蕴外，
石径九折回。
林间惊飞鸟，
便水捕鱼鲱。
乡女送金橘，
舟横伴醉归。

第二天，我们在马永军的安排下，前往当地农民种植蔬菜的地头调研。当路经一块土地的时候，道路被聚集的民众阻断了，下车一了解，才知道几年前政府对这块重金属污染的土地进行过大规模治理，花费了大量财力物力，使用了最现代化的设备，将整个土地上层 30 厘米厚的土壤全部剥离开，使用大型机械来吸附和去除土壤中的重金属。浩浩荡荡的工程，曾经成为当地最有影响力的新闻和茶余饭后的聊天主题。但是，土地修复三年过去了，农民种出来的庄稼重金属依然超标，种粮的农民辛辛苦苦种出来的粮食不能买卖，这是何等的苦恼和忧愤。

马永军看着现场乱哄哄的场面问道："湖南土壤中的重金属是影响农业生产的顽疾，您有什么好的建议吗？"

我对马永军说道："土壤、空气、水均是构成生态系统的基本要素，三者相互关联。污染物借助大气沉降、水的流动进入土壤环境，可造成土壤污染；反之，土壤受到污染后，也会成为地表水、地下水、大气的污染来源，重金属在土壤中逐渐富集之后才会影响到粮食安全。土壤污染属于隐性污染，不像水和空气污染有直观性，需要通过土壤样品分析、农产品检测，甚至人畜健康的影响分析研究才能确定问题所在。

"城市化、工业化等现代农业病会增加土壤中重金属污染风险。这些重金属可以通过摄入受污染的水和食物在人体中富集。目前进行土壤净化的手段主要是以电解技术、离子交换、沉淀、化学萃取、水解、聚合物微胶囊化和浸出等方式螯合重金属。然而，这些方法大多数都是昂贵的，并且需要烦琐的控制和持续监控，而有效去除重金属的效率比较低。我做了微藻方面的探索，藻类提供了一种替代的、可持续的重金属修复方法。微藻技术成本低，利用其生物特性吸附去除土壤、废水中的重金属，或许会成为今后重金属污染处理的新手段。"

马永军问："有实施案例吗？我可以推荐给相关部门进行试用。"

我告诉马永军，在利用微藻消解土壤和水体中的重金属方面已经做了很多有益的试验，再过一些时间就会有更多成熟的案例了。

维持秩序的警察疏通了道路，我们继续前行，来到一块种植大白菜的地块。菜地紧邻便水边，为菜地浇水比较方便。

菜地的种植者是一位叫李群的中年人，他正在专注地给白菜喷洒农药，我们走到跟前他都没有察觉。

我走上前去问道："白菜已经到快上市的阶段了吧？"

还在忙碌的李群回头看了看我们说："是啊，过几天就要采收了。"

周亮看了看药桶问："在打农药？"

李群有点警觉地抬头看看我们。

马永军指着散落在地上不同标签的瓶瓶罐罐说："农药打的还是蛮多的啊。"

李群说："你们不知道，现在的害虫比人还聪明，上次用了这个药，下次再用就不太灵了。以前打的是国产农药，害虫很快就有了抗药性。实在没办法，我买了国外的农药，相比来说，它的效果会好一些，安全性也会高一些。"

马永军问道："农药用得多吗？"

"这要看实际情况。有时多一些，有时会少一些。"李群回答道。

"是因为虫害太多的原因吗？"我问道。

李群看着即将收获的白菜说："不瞒你们说，一是现在的病虫害太厉害，药用得少了不起作用，还会产生抗药性；二是我没有渠道直接把菜卖到客户那里，必须通过中间商这道关。现在的中间商，如果发现蔬菜里面有虫眼，他是不要的，我们辛辛苦苦种了一季的蔬菜到头来就因为几个虫眼卖不出去，我们所有的辛苦付出不就白费了吗？"

"打农药太多会给身体健康带来负面影响的。"周亮说道。

　　李群面有难色地说："我知道打农药对人的身体健康不利，可现在社会上有一个非常奇怪的现象：消费者只注重蔬菜的外观，根本不考虑它的内在品质。我以前在广东韶关一带也种过一些优质蔬菜，可惜的是，我几经努力都失败了，只要一出现虫害，我们面临的选择就两个：是保菜还是保质，保菜就必须打药，保质可能会有虫眼。市场只接受没有虫眼、光鲜的菜，如果坚持保质，辛勤劳作的果实最终会烂在地里，那种心情你们是无法体会到的。由此，我就放弃了种优质蔬菜的念头。"

　　我和马永军对视了一下，无言以对。

　　"你自己家吃的菜是否与这一样？"周亮问。

　　李群坦率地对我们说："菜农们多数都是靠天吃饭，种菜卖菜是一家人主要的经济来源。如果种菜不用农药就控制不了害虫，蔬菜就卖不到好价钱。而种菜不用化肥其长势就不好，种植期过长成本太高不说，还赚不到钱。因此，我们通常把自家吃的菜和准备卖的菜分开来种植，凡自家吃的菜，不施化肥农药，尤其是不用任何的化合物。当然了，这样的蔬菜长势也不好，如同我们农村人说的：没有卖相。"

　　"李群说的情况就是我们通常说的互害模式，或者称为鸵鸟现象：种田的人了解农药的施用情况不吃粮；养殖的人了解抗生素的滥用不吃肉。本以为这样就可以远离伤害，殊不知，当人们为了利益而放弃良知，对身边发生的违背健康原则的行为视若无睹，他们同样也是受害者。食品安全关乎每一个人，人人有责。"我坦言对马永军说。

"这样啊，怨不得我很多朋友都要去买农民自己家吃的蔬菜。"马永军说。

"种菜的时候，你遇到的最大困难是什么？"我问道。

李群想了想说："现在农田杂草和土壤板结是最为头疼的事了。不锄草，菜就长不好，锄草就要用除草剂，据说除草剂也是问题比较大。"

"你说的对。"我回答道，"除草剂主要作用是阻止植物氨基酸合成，进而抑制植物生长所必需的蛋白质和芳香素。它会被输送到植物的各个部位，进入植物的生长点，也就是分生组织，以及正在成形的种子，也会输送到根部进入土壤。释放在土壤中的除草剂会接触土壤中的营养成分，并螯合或固化这些营养成分，以致植物也不能吸收。一旦土壤中的矿物质与除草剂结合，则无法将其分离，植物也无法获得有效养分。除草剂还会带来植物根系微生物的巨大变化。中科院植物研究所的蒋高明教授在《生态农场纪实》一书中讲述了除草剂给身心健康带来的潜在风险。他在书中写道：美国《食物与化学毒理学》公布泰国科学家惊人的实验结果，草甘膦除草剂中的活性成分具有雌激素作用，在一万亿分之一超低微浓度范围也会促进乳房癌细胞的增殖，打破了'有毒有害物质残留量低于某种浓度水平无害'的过时认识。"

"农田里的土壤晴天铁板一块，下雨天异常泥泞，脚陷进去鞋子都拔不出来。种的蔬菜主根伸不下去，在 3 厘米深左右的表层就横着长。我与一些有经验的种植户交流，他们遇到的情况跟我差不多。板结是什么原因造成的，社会上的说法不一，我们农民根本搞不懂。"李群谈到土壤板结时一头雾水。

"主要是长期滥用化肥造成的，当然也有其他原因，化肥是主要原因。"我回答。

"我们农民种地不可能不用化肥啊，离开化肥也种不了菜了。"李群有点茫然地说。

"化肥本身问题不大，在农业生产中可以起到速效肥的作用。问题是几十年连续用、超量用。早些年硝酸铵、磷酸铵强酸弱碱，氨被吸收，酸流到土壤里面，把土壤中的细菌杀死，引起大面积的土壤板结。土壤中有很多矿物质不溶于水，但是一遇到酸，会发生酸浸，浸润几十年后，当半米深的土壤中有益的微生物、微藻和其他土壤中的有效成分发生了巨大的改变，此土壤已经不是彼土壤了。

"对比 1970 年和 2010 年的玉米情况。1970 年是纯粹自然生长的，玉米棒子不是很大，但营养丰富；2010 年的是化肥催生的，看着个个饱满，但是每 100 克玉米里面钙含量下降了 78%。这样的土地种出来的农作物只有形似，内在质量几乎毫无保障。外表看似非常诱人的色彩，那只是农作物的表面现象。

"有一组数字：中国自 1978 年改革开放之后，开始大量使用化肥，到 2011 年化肥产能接近峰值。这期间全中国粮食增产了 87%，但化肥使用量增加到 682%。按常理，每吨粮食产量需要 0.1 吨的化肥。2017 年全国农作物总播种面积 1.6 亿公顷，平均化肥施用强度为 352 公斤／公顷，福建、海南、北京、广东等省市分别为 751 公斤／公顷、724 公斤／公顷、707 公斤／公顷、611 公斤

/ 公顷；而国际警戒线值为 225 公斤 / 公顷。这就是造成土壤大面积板结的原因。

"过量使用化肥，增加了温室气体排放：1980—2010年，我国与化肥生产及使用有关的温室气体排放增加了3.45 倍，平均每年增加 1070 万吨二氧化碳当量；过量施用到田间的氮肥效率愈来愈低，作物吸收不了的过量化肥要么固存在土壤里，要么随水淋失，进入地下水或江湖，引起水质恶化，太湖、滇池等大型湖泊的藻华和青岛的浒苔爆发就是由这种富营养化引发的。过量的氮，要么在阳光的催化下发生氨的气态损失，挥发成氨气和氮氧化物进入大气。大气中氨的浓度过量，会危害人和动植物的健康。氮氧化物在近地面通过阳光的作用会与氧气发生反应，形成臭氧，产生光化学烟雾，并刺激人畜的呼吸器官。氧化亚氮进入臭氧层后，会与臭氧发生反应，消耗掉臭氧，使臭氧层遭到破坏，就不能够阻挡紫外线穿透大气，强烈的紫外线对生物有极大的危害。

"过量使用化肥还增加了植物体内的游离硝酸盐：进入食物中的硝酸盐在一定条件下会转化为亚硝酸盐，危及食品安全；土壤酸化会直接影响植物和土壤微生物生长，加重植物真菌病害，加速土壤中重金属的溶解释放。"我解释道。

李群笑着说:"我们农民哪里懂得这些,过去从没听说过土壤板结是使用化肥不当造成的。看起来用肥学问还是蛮大的。"

"土壤作为人类生存的基础,其功能之一就是以其净化能力为人类消除废弃物,人类的废弃物经过土壤的净化成为土壤肥力的一部分。有些不可降解和难以降解的物质在土壤中不断积累,土壤中的黏粒具有吸附这些物质的能力,当吸附到饱和程度时,土壤的很多功能就会受到损害。而当土壤的其他性质发生变化,受外界环境因素变化影响或者人为干扰,这些物质将快速被释放出来,导致环境灾难。其实,化学品在国际上早就产生过严重的问题,美国纽约州的'大穆斯湖事件'就是一个典型的案例。大穆斯湖位于美国纽约州安准达科(Androndack)山系中,处于美国工业较为集中的中西部地区下风口,是美国接受酸类沉降物最多的地域。自1880年左右,该地区开始接受来自燃煤中的二氧化硫沉降。二氧化硫在该区域沉降了70年后,湖水中的pH值从5.6 ~ 5.7降至5.0以下,导致了湖水中鲈鱼、白鱼及鳟鱼等鱼类的大量死亡直至完全消失。

"发生于 20 世纪 60 年代，日本富山县通川流域的'痛痛病'事件，是由于上游的矿山开采和冶炼，导致下游灌溉含镉水的稻田镉的积累，居民长期食用含镉稻米所导致的。镉是一种重金属元素，土壤的容量控制属性确定了重金属的沉积容量，随外界因素如土地利用、气候、水文的变化而变化，当其超过某一阈值时，土壤重金属从静态钝化状态被激活，形成游离态，污染地表水、地下水或者导致粮食的重金属超标。重金属污染严重危害到人类的身体健康，环境也会受到极大的破坏。因此，科学使用化肥不是单纯地改变种植方式，而是要改变种植观念。"我用事例来说明不合理用肥可能带来的危害。

李群在我讲解种菜与用肥之间的利害关系时，停下手中的活，静静地把这段他过去从不了解的内容认真听完。

"有什么好办法吗？"李群问道。

"你现在种菜的这块土壤已经严重退化了，生态农法是唯一可选的良方。中科院南京土壤所经过 20 多年农田生态系统养分平衡长期定位施肥试验发现，施有机肥、平衡施化肥或有机无机配施，均能有效调节土壤 pH 值，增加土壤有机碳与全氮含量，从而实现作物的高产与稳产。

"作为土壤生物肥力的核心，土壤微生物的活力可增加土壤中氮磷钾等营养元素的供应，将土壤中一些不能被作物直接利用的物质转换成可利用的状态，最终提高土壤生产力。高肥力的土壤必须具有良好的团粒结构，为作物调控适宜的水、肥、气、热，为作物转化、保存并持续提供所需营养元素。这主要依靠土壤每克土中数以亿计的微生物产生的作用，而微生物的主要营养素来源，依赖有机质和植物根系的营养物来维持。

"有机肥与无机肥按适宜的碳氮比例 25∶1 混合比较合适。比例过大，土壤中的微生物将与作物争夺氮素营养。土壤中有机质含量高时，即使化学氮肥使用量大一些，也会被微生物作为生物量保存下来，避免其大量流失。"我提出科学用肥的指导意见。

告别了李群后，我们感到无比轻松、敞亮。能够让一个长期从事传统蔬菜种植的农民接受科学的用肥理念，是永兴之行最有意义的一件事。

夕阳西下，落日余晖把便水涂抹成以橘红色为主的画布，层林尽染，波光粼粼，任由你用想象的画笔去渲染自然界的丰润和奇妙。

植物也需要休息

植物千姿百态的睡眠方式
不同类别的植物休息方式

夜幕下的小兴安岭，月亮的冷光镀满了漆黑的森林。夜行鸟类的奏鸣声在山林中游荡，徒然增添了令人心重的凄冷。

我和梁晓生坐在逊克县红玛瑙酒店的阳台上，望着远处月光下起伏的山岭，我突然想到了什么，便问："人到了晚上需要休息，植物也需要睡觉吗？"

第二天上午，我们一起拜访了县林业办公室主任赵海，他了解了我提出来的问题后说道："我在林业部门工作很多年，我查阅过许多这方面的资料，您还是第一个问这个问题的学者。"

赵海打开一叠资料说："我知道国外有些研究机构在做关于植物是否到了夜晚会休息的研究，据我所知，植物在晚上确实会放松它们的身姿，就相当于人在打瞌睡。

"为了研究树木睡觉的真实情况，芬兰科学家用激光测量了两棵垂枝桦在晚间的表现。这两棵树一棵位于芬兰，另一棵位于奥地利。9月秋分时，监测就在干燥无风的环境下开始了。这一天，世界昼夜等长，监测从晚间开始，经过黎明，一直到早间才结束。

"科学家说，他们使用激光红外线扫描仪照射树的各个部分，每一部分照射时间不到一秒。这样一来，只需要几分钟，就可以得到整棵树的细节图谱。

"垂枝桦的树枝和叶子在午夜时分就会下垂，在日出前的几个小时会垂到最低点。而当清晨来临时，树枝和树叶则又会上扬到原来的位置。

"芬兰地理空间研究所的研究员伊图·普特涅恩说他们的研究结果表明，整棵树都会在晚上下垂，因此，树枝树叶也会下垂。但是，树下垂的幅度并不是很大，一棵5米高的树最多也就下垂10厘米而已。

"普特涅恩表示：目前，还不知道到底是太阳升起'唤醒'了植物，还是植物有其自身的循环节奏。但是，有些植物在太阳出来之前就已经上扬至白天的位置。这表明，植物可能受自身生物钟的支配。"

赵海又从桌子上的文件夹里翻出来装订成册的纸张，

上面密密麻麻地写满了字。

　　赵海边翻看纸张边说:"研究团队称,树枝晚上下垂的数据并不让人感到惊讶,但是,却非常少见。毕竟,现在才有人在研究中涉及这方面的内容。大部分生物在白天和夜晚都有自身的循环节律。任何一位园丁都知道,有些植物在早晨开花,有些植物则在晚上关闭叶片。

　　"著名植物学家卡尔·林奈发现花儿即使在暗室中也能盛开和凋谢。著名博物学者查尔斯·达尔文注意到植物茎叶的夜间运动看起来就好似在睡觉一般。然而,研究团队表示,两位前辈的研究针对的是小型盆栽植物,而这次植物研究则首次运用了激光来精确测量晚间野生植物树叶的运动情况。

　　"研究者没有解释为什么树枝和树叶会在晚上下垂,但这一现象可能和植物的紧张以及植物内部水压的变化有关。

　　"植物运动通常与其内部细胞中水的平衡程度有关。而水的平衡又和植物通过光合作用所获得的光照有关。这是匈牙利科学院生态研究中心的研究员安德·兹林斯基说的。

　　"研究人员表示,将来,他们还会测试每棵树内部的水流情况，并将所得结果与今天激光测量所获得的数据进行比对。这样做的目的是使人们对每棵树每天的用水量更加了解，同时，也能更好地监控植物对于区域气候的影响。"

赵海这番话解释了树木晚上休息的基本理论和国际学术界研究的初步成果。

"但是，还有一些植物却是晚间开花的，昙花就是最典型的夜来香。"我说道。

赵海看着我说，有一次他到哈尔滨的东北农大进修学习，授课的老师曾经讲过福州园林局的一个案例：福州市逢年过节都会在植物周身挂满各式各样的彩灯，以渲染节日气氛。园林工作人员表示，植物上挂彩灯肯定对植物生长有影响。植物到晚上也需要正常休息，若挂上彩灯，植物就一直保持白天的光呼吸，影响生长。另外，植物挂上彩灯比较容易招虫子，长期下去，植物就容易枯黄。

睡眠是人类生活中不可缺少的一部分。经过一天的工作或学习，人们只要美美地睡上一觉，疲劳的感觉就会消除。动物也需要睡眠，甚至会睡上一个漫长的冬季。植物的睡眠也应该一样，这是宇宙赋予地球生物的自然法则。

　　赵海指着窗外的花木说道："我们只要细心观察周围的植物，就会发现一些植物已发生了变化。比如常见的合欢树，它的叶子由许多小羽片组合而成，在白天明媚的阳光下舒展开来，可一到夜幕降临时，那无数小羽片就成对成对地折合关闭，好像被手触碰过的含羞草叶子，全部合拢起来，这就是植物睡眠的典型现象。

　　赵海打开电脑，翻出标有"植物睡眠"的文件夹，打开"三叶草"的文件，我们可以看到如下描述：开着紫色小花、长着三片小叶的红三叶草，它们在白天有阳光时，每个叶柄上的三片小叶都舒展在空中，到了傍晚，三片小叶就闭合在一起，垂下头来准备睡觉。

　　花生也是一种爱睡觉的植物，它的叶子从傍晚开始便慢慢地向上关闭，表示白天已经过去，它要睡觉了。"会睡觉的植物还有很多很多，如酢浆草、白屈菜、含羞草、羊角豆等。"赵海补充道。

　　不仅植物的叶子有睡眠要求，就连娇柔艳美的花朵也要睡眠。例如，在水面上绽放的子午莲，每当旭日东升之时，它那美丽的花瓣就慢慢舒展开来，似乎刚从酣睡中苏醒，而当夕阳西下时，它又闭拢花瓣，重新进入睡眠状态。子午莲"昼醒夜睡"的规律性特别明显，因此得此芳名"睡莲"。

各种各样的花儿，睡眠的姿态也各不相同。蒲公英在入睡时，所有的花瓣都向上竖起来闭合，看上去好像一个黄色的鸡毛帚。胡萝卜的花，则垂下头来，像正在打瞌睡的小老头。更有趣的是，有些植物的花白天睡觉，夜晚开放，如晚香玉的花，不但在晚上盛开，而且格外芳香，以此引诱夜间活动的飞蛾来替它传授花粉。还有我们平时当蔬菜吃的瓠子，也是夜间开花、白天睡觉，所以人们称它为"夜开花"。

令我们不解的一个问题是：植物的睡眠能给植物带来什么好处呢？

最近几十年，科学家们围绕着植物睡眠运动的问题，展开了广泛的讨论。

最早发现植物睡眠运动的人，是英国著名的生物学家达尔文。100多年前，他在研究植物生长行为的过程中，曾对69种植物的夜间活动进行了长期观察，发现一些积满露水的叶片，因为承受水珠的重量，往往比其他的叶片容易受伤。后来他又用人为的方法把叶片固定住，也得到相类似的结果。在当时，达尔文虽然无法直接测量叶片的温度，但他断定，叶片的睡眠运动对植物生长极有好处，也许主要是为了帮助叶片抵御夜晚的寒冷。

达尔文还在《植物的运动》（*Power of Movement in Plants*，纽约阿普尔顿公司 1881 年出版。1995 年科学出版社出版中文版）一书中，解释了豆科植物睡眠的原因。现代科学家用显微镜观察到植物叶片的"睡眠运动"是由叶柄上一种叫做"运动细胞"的特殊细胞膨胀或收缩引起的。运动细胞吸水涨大后叶片即张开，排出水分缩小后叶子就闭合。植物的睡眠运动是受植物"觉醒物质"和"睡眠物质"这两种性质相反的物质的控制。

达尔文的说法似乎有一定道理，可是它缺乏足够的实验证据，所以一直没有引起人们的重视。直到 20 世纪 60 年代，随着植物生理学的高速发展，科学家们才开始深入研究植物的睡眠运动，并提出了不少解释它的理论。

起初，解释睡眠运动最流行的理论是"月光理论"。提出这个论点的科学家认为，叶子的睡眠运动能使植物尽量少遭受月光的侵害，因为过多的月光照射，可能干扰植物正常的光周期感官机制，损害植物对昼夜长短的适应。然而，使人们感到迷惑不解的是，许多没有光周期现象的热带植物，同样也会出现睡眠运动，这一点用

"月光理论"是无法解释的。

后来科学家们又发现，有些植物的睡眠运动并不受温度和光强度的控制，而是由叶柄基部中一些细胞的膨压 ① 变化引起的。例如，合欢树、酢浆草、红三叶草等，通过叶子在夜间的闭合，可以减少热量的散失和水分的蒸腾，起到保温保湿的作用。尤其是合欢树，叶子不仅仅在夜晚会关闭进行睡眠，在遭遇大风大雨袭击时，也会渐渐合拢，以防柔嫩的叶片受到暴风雨的摧残。这种保护性的反应是对环境的一种适应，与含羞草很相似，只不过反应没有含羞草那样灵敏。

随着研究的日益深入，各种理论观点一一被提了出来，但都不能圆满地解释植物睡眠之谜。正当科学家们感到困惑的时候，美国科学家在进行一系列有趣的实验后，提出了一个新的解释。用一根灵敏的温度探测针，在夜间测量多种植物叶片的温度，结果发现，不进行睡眠运动的叶子温度，总比进行睡眠的叶子温度要低1℃左右。科学家们认为，正是这仅仅1℃的微小温度差异，成为阻止或减缓叶子生长的重要因素。因此，在相同的环境中，能进行睡眠运动的植物生长速度较快，与其他

---

①　膨压：水进入植物细胞后，产生向外施加在细胞壁上的压力。

不能进行睡眠运动的植物相比，它们具有更强的生存竞争能力。

植物睡眠运动的本质正不断地被揭示。更有意思的是，科学家们发现，植物不仅在夜晚睡眠，而且与人一样，竟也有午睡的习惯。小麦、甘薯、大豆、毛竹等众多的植物都会午睡。

植物午睡是指中午大约 11 时至下午 2 时，叶子的气孔关闭，光合作用明显降低这一现象。这是科学家们在用精密仪器测定叶子光合作用时观察到的。科学家们认为，植物午睡主要是由大气环境的干燥和高温引起的。午睡是植物在长期进化过程中形成的一种抵御干旱与高温的机能，为的是减少水分散失，以利于在不良环境下生存。

由于光合作用降低，午睡会使农作物减产，严重的可达三分之一，甚至更多。为了提高农作物产量，科学家们把减轻甚至避免植物午睡作为一个重大课题来研究。

我国科研人员发现，用喷雾方法调节田间空气温度，可以减轻小麦午睡现象。实验结果是，小麦的穗重和粒重都明显增加，产量明显提高。只是喷雾减轻植物午睡的方法，目前在大面积耕地上应用还有不少困难。随着科学技术的迅速发展，将来人们一定会创造出良好的环境，让植物中午也高效率地工作，不再午睡。

每年在葡萄树休眠期之前，我们都要花好大功夫对葡萄植株进行整形修剪，调整葡萄树的树体结构，使树上的枝蔓和果实分布均匀，这样来年才能结出更多的果子。

葡萄的"睡眠"特别重要，葡萄树每年在采摘完后，都得休眠，睡上 3～4 个月，来年才能精力充沛，结出又大又甜的葡萄。据了解，只要平均温度在 7℃以下，葡萄树就会自己进入休眠期。北方露天的葡萄，到了 11 月份，周围气温就已经降到 7℃以下，而且这种温度会维持很久，所以葡萄休眠根本不用农户操心，它自己能睡得好好的。但如果是在温室里种植的葡萄，要怎么保证它在休眠状态呢？

温室里的葡萄树，就要进行人工强制休眠，一般在 10 月份，白天的温度会在 10℃～20℃之间，夜晚的温度保持在 5℃～10℃。夜晚，大棚里的葡萄树周围气温在 7℃以下，它自己会进入休眠状态，但是到了白天，气温升高了，葡萄树就会醒。为了防止它们苏醒，我们白天要给大棚盖上保温被，遮光、隔热，这样葡萄树才会一直在休眠状态。到了夜晚的时候，就把保温被拿下来，让大棚里的葡萄树多吸收外面的冷气。如果到了12月份或1月份，外面温度在7℃以下，那就可以全天盖着保温被，不用掀开来了。

每年冬天，北方怕冷的植物都要脱掉身上的绿衣裳，用睡觉的方法安全过冬。脱掉衣服睡觉是为了减少水分和营养耗散。到了次年的春天，温度慢慢升高，睡眠中的植物就会被春风唤醒。常绿的植物不同，在寒冷的冬天到来之前，植物就做好了越冬的准备，叶子表面会分泌出许多的蜡质，防止冬天失去水分。植物叶内增加脂肪类物质和糖分，来增强植物的抗旱抗寒能力。

植物到了晚上，太阳的光芒已经不再光顾它们，它们像其他生物一样，进入睡眠状态。

植物到了晚上或者寒冷的季节，它们看似失去欢快，失去了活性，所有的生命体都进入休眠状态，但当阳光重新普照的时候，它们又会欢悦地拥抱太阳。

其实中国古代已有关注植物睡眠的例子。宋代大文豪苏轼在《海棠》一诗中写道："只恐夜深花睡去，故烧高烛照红妆"，充分体现了诗人细致的观察力，用高烛正是为花朵在夜空中补充光照，使花朵在夜晚时分依旧进行光合作用，常开不败。苏轼的诗句展现的是一种抑制花儿在夜晚睡眠的方法，远远超越了百余年前的达尔文对植物睡眠的观察和研究。

我们对赵海有如此丰富的植物睡眠知识感到惊奇。赵海摆了摆手说："我只是爱好，没有进行更深入的研究。今天为你们介绍的自然知识，很大一部分是来自网络信息。现在互联网如此进步，想了解的知识上网就可以得到许多收获。不过，网上的信息只能作为参考，更多的知识来源还在于社会实践。实践出真知。"

大自然创造的万物，各自都有调养生息的方法，整个世界才能趋向和谐！

当逊克在我们的视野中消失后，我望着列车窗外的景色，一直在思索植物休眠的自然属性，没有人为干扰的自然界会相安无事地在自我存在的空间内花开花落，东阳西月，循环往复，这就是自然界的恩赐。

天空涌起浓厚的云团，在夕阳残照下，云团急速地变化着，形成各式各样图腾般的模样；雷与雨的较量，划破的只是云的边角。奇妙无比的大千世界，让我留下了这样的记忆：

逊克的云

踏上这块黑土地，

久仰的古老传说，

已在耳畔回响，

更有那云，

激荡在胸间。

天高云淡只是瞬时，

多姿多彩，

万千变化，

不能涵盖所闻所见。

跳跃莫测的云朵，

一处飞驰飘逸，

一处大雨倾盆，

一处阳光灿烂。

几束射穿云层的光线，

天幕般挂在远方，

一帘黑色的瀑布，

天地间连成飘动的雨幔。

透亮的镶有光晕的白云，

起伏跌宕中，

托起蓝色的苍穹，

直上宇宙无穷的天边。

浓黑的云带，

夹着风雨的呼啸，

裹着雷电的激愤，

撕裂沉睡的兴安岭的山涧。

逊克的云，

如同逊克的土地，

充满四射的活力，

还有人们对这云的依恋。

太行山中的仙草——潞党参

潞党参

生态种植中草药

金秋十月，山西平顺已经进入寒气袭人的季节，我和张光明博士一起住进平顺通天峡大酒店。

十一假期刚刚过去，偌大的酒店里只有我和张博士两位住客，空荡荡的迎客厅里缺少了以往的喧闹，静得可以听到门厅外露珠滴落的声音。

张博士是土生土长的平顺人，他的老家位于紧邻漳河水的一个古村落——车当村。漳河水在这里引入红旗渠，创造了人工天河工程的奇迹，为极度缺水的林县人民送去了甘露。

早饭后，我们驱车来到车当村。

车当村，环视入目的建筑物还保留着古朴的模样。庭院里的门窗没有与时俱进，仍然透着历史遗存的风貌：坚实的木门，悬挂在院子各处的玉米棒子，中式的花格木窗，土墙土房和青瓦，处处都是尘封的过去。

下午，我们专程拜访了县科协的江学智会长，他是平顺潞党参最早的研究人员之一。

潞党参被登记为国家地理标志农产品；2020年国家批准建立潞党参原生境保护区。

"过去平顺属于潞州府辖地，产于这里的党参因此被称为潞党参。潞党参益气补血，生津止渴，和胃健脾，为中药之大补珍品。过去，凡遇大病没有人参可用时，潞党参即可代替之。"江会长开门见山介绍说。

"平顺潞党参的主要产区在哪里？"我问道。

"平顺党参主要种植在寺河关山一带，这里到处是红垆土和草甸土。种植地山谷海拔有1400多米，沟沟壑壑大多有山泉涌出，常年流淌，水中别具党参风味。这些奇泉异壤和特殊气候是党参得天独厚的生长条件。"江会长答复道。

"平顺党参与其他地方党参有什么不同吗？"我再次问道。

江会长喝了一口茶水，笑着说："平顺党参的特点是参条纤长、质厚味纯、皮黄肉红、色泽鲜艳，如横断参条，可见明星点点，整体呈虎头凤尾菊花心，三五叶、松花头、花淡黄、有芳香。平顺党参最重可达 400 克左右，人称党参之王。"

"进入 21 世纪，平顺县科协把党参的研究列入重点项目。全县年均产量为 100 万公斤左右。平顺县的玉峡关、羊老岩、龙镇、杏城、虹梯关等地普遍种植党参。平顺的党参开发前景将十分可观。"江会长补充道。

"现在的情况如何？"我问道。

"中药材种植是平顺当地农民主要收入来源，中药产业生产已成为重要经济支柱。但是，中药材的生产加工依然是粗放型，科技含量低，附加值不高，缺少精、特、细、新、高的中成药。"江会长指出了平顺中药材加工方面存在的弱项。

"张博士是中药材方面的专家，请说说你的建议。"江会长面向张博士问道。

"目前，我国中药出口已遍及世界 130 个国家和地区。在亚洲，香港约有 60% 的人使用中医药进行保健与治疗，需要中药材约 2000 种，其中 90% 从内地输入；中成药有 3300 种，75% 从内地输入，年输入中药总金额近 2 亿美元。新加坡、马来西亚、泰国等国每年都要从中国进口价值上千万美元的中药材。在日本，汉方已被纳入医疗保险体系，约有 70% 的日本医生开汉方药，现有汉方药厂 20 余家，可生产 903 种中成药，年销售额约 15 亿美元，每年还从我国进口 1.26 亿美元中药原料。韩国有中药厂 80 个，估计可生产 10 亿美元以上的中成药，每年要从我国进口 5000 万美元的中药原料。

"在欧洲，德国是使用植物药最多的国家，中药也被纳入其医疗保险体系。中国传统医药在德国颇受患者信赖，针灸已被众多的医生采纳，德国每年从我国进口 2600 万美元的中药。法国同样将植物药纳入医疗保险体系，销售额每年约 16 亿美元；近十年，西班牙政府重视与中国中医药界的合作，开设了中医院，并与我国合办了 4 年制正规的中医药学院；在英国，仅伦敦就有近 1000 家中药店，店内都有中医师坐堂应诊，每年从中国进口约 1050 万美元的中药。

"1995 年，美国从中国进口中药金额为 4048 万美元。1980 年全世界药物消耗总值约 75 亿美元，至 2000 年，已增至 2700 亿美元，新药开发将成为最具前途的行业。近年，人们把目光转而投向民族传统医药，投向中草药、植物药等天然药物。这为我国传统中医药的全面复兴与发展提供了机遇。"张博士从专业的角度阐述了中药材的发展现状。

"据我所知，平顺野生中草药资源丰富。野生中药材300余种，其中根茎类80余种，以党参、柴胡、黄芩、黄芪、甘草、桔梗、五加皮、丹参、知母、板蓝根、远志、地黄等为主；全草类60余种，以蒲公英、麻黄、藿香、荆芥居多；花类30余种，以槐花、野菊花、款冬花居多；果实及种子类70余种，以酸枣、山楂、连翘、山萸肉、山桃仁居多；皮类10余种，以桑皮、黄柏居多；真菌类20余种，以木耳、猪苓、猴头、榆耳、僵虫居多；昆虫类30余种，以蝉蜕、蛇皮、蜈蚣、蝎子居多。"张博士不愧是来自中科院植物所的专家，现在担任长治医学院药用植物种植方面的老师，把平顺药材的品种和分类讲得很清楚。

江会长看向我说："张博士既是我的老乡，又是好友，也是我的老师。您对平顺潞党参的种植加工有什么建议？"

"我们重视生态种植法，只有生态种植才能确保生长出来的药材达到或接近野生药材的品质。当然，产出也是一个重要的指标。这就是我们一贯坚持的提产提质的'双高'计划。"我回答说。

江会长眼睛突然明亮起来："有可以实施的方法吗？

这对我们很重要，我们这里一是缺人才，二是缺技术。"

"我和张博士主张生态复合技术的应用：有机肥＋微生物＋微元素＋微藻活性，补充土壤元素的缺失，促进土壤中有益菌群的富集，形成土壤中的优势菌群，更重要的是改善土壤团粒结构。我们称之为有机农耕三微原则。这是种植方面的构想。还有就是水系的改善，我们会采用一些物理的方法，如量子技术、声频技术和标量波等前沿技术，改变水体的分子结构，提高水的利用价值，提升农作物的抗病性。"我解释道。

"我们比较关心潞党参的深加工，提高潞党参的附加值对我们有实际意义。"江会长用期待的眼光看着我。

"我们工作的重点是先把党参生态种植可实施的方法落地，之后，我们再与其他单位合作，共同攻关潞党参深加工的技术屏障。"张博士说。

我说："把中药材看成银行储蓄与取款，要先存款才能后取款。只有按照自然农法把潞党参种出来，达到预期的药效，才能获得药到病除的良药。这个期间的付出是很大的，但一定有价值。"

"据说，县里已经有潞党参口服液的产品了？"我问江会长。

江会长递给我一本潞党参口服液说明书："潞党参口服液是有生产，但是产量有限，困难是提取潞党参口服液之后留下难以降解的党参残渣和渣泥，我们一直没有很好的解决方法。"

我翻看完江会长递来的资料，说："潞党参的渣泥应该可以用作有机肥的原料，不过，需要对潞党参的渣泥原料进行理化分析，从中找出可利用的价值。"

第一手的信息对科研来说是非常重要的，于是，江会长邀请我们参观了潞党参口服液的生产厂区。在现场我们看到了潞党参加工后的残渣废料，张博士取样后准备到学院理化实验室进行分析，有了基础数据，我们就可以设计潞党参的专用肥。

告别了江会长，我们决定夜晚住在民宿。张博士推荐了榔树园。

天越来越黑，微弱的星光在遥远的夜空，犹如存留的一颗点亮宇宙的火种。

"明年我们就可以在对面山上开出几亩地来做试验田了。"张博士指着山腰处说。

是的。这或许是我们开发的第一块潞党参生态种植的土地。我默默地幻想着实现美好愿望那一天的喜悦。

吉备高原酵素香

吉备酵素的选材、加工和品质

各类不同资材生产的酵素

人类身体健康

土壤有益

　　从冈山机场出来，日本机能性食品开发研究所的池田社长已经在航班到达厅外的出口处迎接我们。

　　我与苏春先生一起到日本考察酵素生产。冈山吉备酵素知名度很高，机能性食品开发研究所是如何把一款酵素做得如此精致的，对我们的确有着极大的诱惑力。

　　第二天早上，我们跟随池田先生起身前往吉备高原。汽车出了冈山市区，沿着山路一直向山区驶去。

　　满山的樱花，错落有致地在公路的两边排列着，一眼望去，粉色的彩带挥舞着消失在视野的尽头。

　　车上的翻译名叫冬子，是池田先生请来的。冬子的老家在呼伦贝尔大草原。一上车，冬子做了自我介绍之后，首先发给我们冈山当天的天气预报，从预报中得知今天会有小雨。

车窗外的农田里卷起一柱柱浓黑的烟雾，在山坳中腾空升起。

"山里有火情？"我问冬子。

冬子顺着浓烟升起的方向看过去，说："这是农民在焚烧秸秆。"

我有些吃惊："日本农民可以烧秸秆？"

冬子回答说："冈山集中成块的土地很少，你现在可以看到的农田基本都是几亩几分地连起来的，以种植水稻、玉米等农作物为主。据说，政府鼓励农民有秩序地焚烧秸秆，要求不形成浓雾，不影响车辆行驶，最重要的是不能发生火灾。日本农民烧秸秆会主动错峰焚烧的。"

"我看过日本农民焚烧秸秆，还是很讲究的。"池田说。

我转头看着池田问道："怎么个讲究法？"

池田不紧不慢地说道："农民把焚烧秸秆的田地视面积大小分成若干份，不会同时焚烧。今天烧这一块，明天烧另一块，这样既可以有序地焚烧秸秆，不对环境造成破坏，还不会把土壤中的微生物损伤了，确保农田里的微生物有足够的存量。"

"这样啊！很科学，也很有道理。"我惊叹道。

"中国也焚烧秸秆吗？"池田问道。

"中国古法农业是要把秸秆烧掉，这样就可以把植物体内存有的虫卵、病菌、病害杀灭 80% 以上，同时残留在土壤里面的病虫害也会随着燃烧而大幅减少，对下一季的农作物有很大的好处。病虫害减少了，农药自然就会用得少了。"

池田说："我们蒜山高原的农业种植不用农药，也很少用化肥。"

"秸秆焚烧之后的残余物炭化了，也就是中国农民俗称的草木灰。草木灰质轻且呈碱性，不宜与氮肥接触，否则易造成氮素挥发损失。

"草木灰肥料因为是植物燃烧后的灰烬，所以凡是植物所含的矿质元素，草木灰中几乎都含有。其中含量最多的是钾元素，一般含钾 6% ～ 12%，其中 90% 以上是水溶性的，以碳酸盐形式存在；其次是磷，一般含 1.5% ～ 3%；还含有钙、镁、硅、硫和铁、锰、铜、锌、硼、钼等微量营养元素。不同植物的灰分，其养分含量不同，以向日葵秸秆的含钾量最高，在等钾量施用草木灰时，肥效好于化学钾肥。所以，它是一种来源广泛、成本低廉、养分齐全、肥效明显的无机农家肥。

"草木灰在中国农村还广泛作为农作物的消毒剂原料，具有很强的杀灭病原菌及病毒的作用，其效果与常用的强效消毒药烧碱相似。每亩田地撒施草木灰30～50公斤，可杀死地下病虫害与病菌，保护种子、根、茎，减少病虫害，防止立枯病、炭疽病的发生。果园施用草木灰，可控制白粉病、果实锈病的发生；每株施草木灰2.5～5公斤，还可起到防治根腐病的作用。喷施2%～3%草木灰浸出液，可防治花、果上的蚜虫、红蜘蛛等害虫。"

苏春望着山麓中升向空中的浓烟说："草木灰有这么多的益处，只是过去没有引起人们的重视。这堂生物驱虫、保护农田的课对我来说，弥足珍贵。"

山坳中的烟雾逐渐淡去，远处山脚下可以看到唐代风格的建筑物，在微雨中若隐若现。

群山厚重的墨色和围着屋舍的粉色，勾勒出一幅现实版的山水画，每一款色调都传递着远古时代的喃喃细语。

我们在高原上的一处建筑物前停了下来，一块巨大的标牌"21世纪森林"赫然立在房屋的右侧。冬子告诉我，这里原来是一个森林会所，池田买下来作为酵素生产基地，因为这里的温度恒定在18℃～21℃之间，是长期生产酵素的最佳场所。

我沿着崖边观赏一束束绽放在枝头的樱花，看着一簇簇色彩缤纷的花瓣旋落到崖底，满山满崖的樱花洋洋洒洒地飘飞在空中，甚为叹息。

冬子走过来，我问："樱花非常鲜艳的时候，怎么就会落花了呢？"

冬子问："你知道日本为什么把樱花定为国花吗？"

我摇了摇头。

冬子说："樱花在日本至少有300万年的历史。一般来说，樱花树的寿命与人相似，大多在100年之内，然而，在日本发现的最古老的樱花树已有2000多年了，樱花树被称为'神代樱'，意思是'神仙的化身'。

"樱花的花语是：生命、幸福、热烈、纯洁、高尚、精神之美！樱花有很多特性，最大一个特性就是它不像其他的花儿，在衰败之后才脱落，而是在盛开的时候，色彩最绚丽的时候，活力最强大的时候，毅然而去，这就是樱花的精神。樱花是日本的国花，它寓意着正直、荣誉、尊重，代表的是一种骑士精神。"

一簇小小的樱花竟然有这么深厚的内涵。我惊叹地再一次探看飘飘然而下的花瓣。

池田带我们走进屋内，一堵巨大的玻璃幕墙把室内外分成两个部分，隔着玻璃幕墙可以看到许多蓝色和酱色的大型罐子在不同的英文字母下整齐排列着。

池田介绍说："我们的公司是有机发酵补充剂制造商。自 2001 年成立以来，我们专注于研发被认为有益于日本人健康的发酵食品，并在清新空气环绕的美丽的吉备高原地区开发了发酵植物提取物。我们将传统发酵技术与现代科学相结合，提供安全可靠的保健食品。"

池田指着墙上的英文字母说："每一个字母代表一种原材料。比如 A 就是苹果，B 就是蓝莓，依此类推。把同一类原料放在一起可以使它们发酵得更彻底。在完成装瓶之前再根据需求进行复合调制，这样就可以做出不同风味的酵素。"

酵素又被称为"酶"，是生物体具有催化能力的蛋白质，是促进人体进行新陈代谢的生命物质；人体的消化、吸收、合成、排泄每一个环节都必须有酵素的参与才能完成，没有酵素，细胞活动失去动力，生命现象就走向消亡。

工业的快速发展和汽车的大量增加，导致废气排放堪忧，环境受到污染；农药的残留和食品中合成的化学添加剂的滥用，生活节奏的加快、工作压力的增大以及看电视多、运动少等文明社会的弊端增多等，都会增加身体中酶的大量消耗，以致体内的天然酶无法为身体的健康保驾护航，这就需要补充酵素来促进机体的代谢和增强细胞活性。

我们来到机能性食品开发研究所的门前，随着池田先生走进会议室。在日本，从进门开始到坐下来，要更换三次鞋子，每一个办公区域前都有不同款式的拖鞋摆放在入口处，这是日本人的习惯。

吉备酵素的开发经过了数十年时间，用日本传统古法精心酿造，对原材料的要求非常严苛。

一部介绍吉备酵素生产过程的宣传片播放完毕之后，池田先生决定带我们去参观与研究所签约的有机农产品种植基地。离研究所最近的是位于蒜山高原上的蓝莓园。

蒜山高原地处日本冈山县和鸟取县交界处，是泽西牛的主要养殖区。高原上一年四季可以欣赏到各具特色的美景：春夏的苍翠植物、秋季的似火红叶、冬季的皑皑白雪。在这里，可以呼吸到含量很高的负氧离子带来的生命气息，沁人心脾。

大山是冈山最高的山峰，峰顶终年积雪，雪融水是蒜山高原农业灌溉用水的主要来源。

我们在池田先生的带领下，来到一块地势平坦的农地，沿着农地中间用石块砌成的水沟，汩汩而流的山泉水涌入人工开凿的沟渠，一路奔腾着流向山地。

冈山高原的温度比起山下低了很多，冰冷的风吹透羽绒服，令人瑟瑟发抖，入骨几分。

在如此寒气袭人的天气下，我看到竟有人匍匐在蓝莓树下劳作。

走近前去，才发现是一位老人家，她双膝跪在蓝莓树旁，戴着一副颜色很深的墨镜，头上戴了一顶黑色宽沿的帽子，她用一把尖锐的小工具，不停地修剪树下的杂草。

"老人家，您在做什么？"我问道。

"给蓝莓松松土，把缠绕在树根部的杂草除掉，它们就不会与果树争养分，也利于蓝莓根系的生发。"她抬起头看着我回答。

我还是第一次看到如此高龄的老人家在这样严酷的

契约农场的标志牌

天气里一丝不苟地劳作。

　　我看了看挂在蓝莓树旁边"机能性食品研发研究所　契约农园"的牌子，明白了老人家是在履行与研究所之间的契约，保证品质是研究所与农场的约定。

　　我们走到一片黑色的土地前，肥沃的土壤发着亮光。这是海拔 1200 米的高原，土壤中的腐殖酸是如何形成的呢？

池田先生带着我的疑问去拜访了正在耕作的一对年轻夫妇。

我刚走进平整好的土地，一下子就陷下去了 10 多厘米。

土壤太松软了，冈山当地名产"蒜山大米"就产于此。

名叫村上的农场主从拖拉机上走下来，在水渠边洗了一下手站起来说："我们种田用机械，是为了节省人力。种地不用化学肥料，所用的肥料主要是机能性食品开发研究所的酵素渣，与植物、养殖物的废弃物混合后再次发酵的有机肥，土壤经过多年的调养，有机质含量越来越丰富，现在的有机质在 3% ～ 4% 之间。我相信用这样的调养方法，再有两三年的时间，土壤中有机质就可以达到 5% 以上了。"村上喜悦的神情溢于言表。

"把土壤看成一种生命体，尊重土壤等同于尊重生命，用这种思维去爱护土地，土壤没有不好的。"我赞许地对村上说道。

"其实，你对土地好了，她也会对你好的。勤于耕作，尊重土壤的原始属性，土地就会高产稳产，就可以生产出优质的农产品。"池田有感而发地说。

我抓了一把土，握在手心里，放开手，土壤慢慢地松开，土壤团粒结构清楚地展现在面前。我闻了闻，苏春走过来问："怎么样？"

"醇香浓郁，腐殖酸气味很高。"我对苏春说道。

村上走到我们面前说："池田先生对作物的品质要求极高，我们的种植物如果达不到他的要求，他会拒收的，这也是大家共同遵守的原则。"

"你收的秸秆也会焚烧还田吗？"我问道。

村上回答说："是的，我们会有计划地焚烧秸秆还田。如果不是这样，土壤中的碳源就无法保障。"

听到不远处拖拉机的轰鸣声，我顺着声音望去，只见一位女士开着一台小型拖拉机在铺设地膜，机器在薄膜上自动打孔，以方便栽种植物。日本这种精巧的小型农机，给山区农业带来了很大的便利。

回到冈山，我们在研究所一座精致的小屋里与池田社长继续交谈。

"你已经知道酵素植物提取物的制作过程了吧？"池田问。

"今天已经有了一些了解，也是略知一二。"苏春回答。

"我们从冈山签约的农户那里采购各种新鲜的时令水果和蔬菜，并在这些蔬果到达工厂后立即进行辐射检测和 GMP（Good Manufacturing Practice，良好作业规范）生产标准的验收。"池田说。

我有点疑惑地问："冈山果蔬中有辐射残留的风险？"

池田说："我们从开发酵素产品之初就采取这样的安全措施，检测是否含有辐射，是确保原材料符合安全要求的先决条件。我们在提取酵素时，将水果和蔬菜切碎并与含有大量矿物质的冲绳黑糖一起放入桶中。每个桶只放入一种水果或蔬菜进行发酵。您可以选择您喜欢的口感并定制您的原始酵素产品。提取完成后，将不同种类的提取物混合，加入我们研制的乳酸菌进行再发酵。发酵期 3 年以上。在研究中，我们发现每天服用水果和蔬菜提取物的发酵混合物产品，可以获得健康的肠道。健康的肠道会增强人体的免疫系统。"

来冈山之前，我也侧面了解到这种利用微生物发酵的技术在我国已经有几千年的历史了，比如将糯米发酵成黄酒、牛奶发酵成酸奶。

吉备酵素实际上就是果蔬的发酵液。

酵素是一种天然的"抗生素"，具有抗菌、消炎作用，大量服用也不会有副作用。当我们的身体发炎时，白细胞就会增加，吞噬有害细菌和病毒。酵素不仅能够促进白细胞的吞噬作用，同时还能修复受损细胞、强化细胞原有的功能。北京20多所医院已经开始临床应用，像北京佑安医院、朝阳医院，一批肝移植专家在国内最先将酵素在临床上应用，以解决手术后病人的感染问题。过去肝移植手术感染率为95%，酵素应用后感染率为15%，达到世界先进水平。

我们正常人体内至少有6000多种酵素，这些酵素各司其职，帮助人体进行所有的生理活动。如果缺乏其中任何一种酵素，都可能造成人体功能紊乱，造成相应的生理活动无法进行，继而导致各种疾病。

酵素不是药物，它是人体新陈代谢、催化、吸收、分解、支配器官所有功能的酶。人体补充酵素，是从根本上促进代谢及改善体质的行为，进而促进并维持健康，达成人体自我修复，减少疾病。

身体不缺乏酵素，人会更加精力充沛，充满活力，看起来也愈加美丽动人。而且人体内只有酶存在，才能进行各项生化反应。人体内酶越多、越完整，其身体就越健康。

　　池田先生拿出一份检测报告，其上注明有便秘症状的人连续服用四周，肠道中的乳酸菌、双歧杆菌会大幅增加，便秘状况就会得以缓解。

　　近年来国内的酵素热开启了人们对酵素的认知。酵素起源于日本，2000 年才传到中国。

　　我国最多的是制作环保酵素。环保酵素是将新鲜果蔬植物与红糖、水按照一定的比例混合后装入容器中，密闭发酵 3 个月即可使用的发酵液。酵素液中富含糖类、酚类、有机酸、维生素等营养物质以及一些活性酶等。

　　科研人员认为，环保酵素是一种经济、实用、有效的天然农业方法，由于其低廉的成本和简单的制作方法逐渐引起人们的关注。人们越来越希望使用更加绿色环保的方式进行农业生产。现如今，我国农业生产中存在一系列问题，如化肥利用不合理、营养成分失衡等，表现为化肥元素的积累、农药残留、各种重金属和有机污染物的严重污染等。

　　环保酵素中营养成分浓度较高，有助于提高土壤中有机质、磷、钾、氮等营养物质的含量；酵素在发酵过程中会产生大量的厌氧菌以及兼性厌氧菌，能够分解转化一些营养成分，增强土壤降解污染物的能力。

　　利用环保酵素作为改良剂的辅助肥料进行土壤改良，或代替化肥、农药、激素性肥料施加于农作物，能提高农作物的产量和品质，提高土壤肥力，改善土壤质量，减少土壤氮素损失，是控制农业非点源污染①的有效途径，同时也不会降低粮食产量。

　　环保酵素发酵过程中产生大量的变形菌与放线菌，能够分解转化一些营养成分，增强土壤抗击恶劣环境的能力。

　　酵素正在中国蔚然成风，研究并应用的领域越来越广阔。

　　离开吉备高原，从飞机上俯瞰渐渐远去的冈山，我心中油然升起一种希望：或许在不远的将来，我们可以开发出更多的以优质农产品作为原料加工成的酵素，让原始的农产品生产从粗放型转向精细化，在提高农产品附加值和高效利用的同时，使国人的身心更康健。

　　冈山满山的樱花依然在脑海里挥之不去，樱花的孤傲和倔强依然留有深刻的记忆，我在飞机上写下了这样

────────────

　　① 非点源污染，又称面源污染，主要由土壤泥沙颗粒、氮磷等营养物质、农药、各种大气颗粒物等组成，通过地表径流、土壤侵蚀、农田排水等方式进入水、土壤或大气环境。

的诗句：

冈山之樱

冈山高原上的樱花

裹着缤纷的披风

沿着蜿蜒曲折的山脉

把春的信息传播到远方

满山瘦弱的绿

托出你的娇柔

美艳地展示着你独有的魅力

彰显着大山的苍茫

你的倔强

在这寒意依然时节

向着阳光

让朵朵花苞一一绽放

你的灿烂

樱花树的上上下下浑然一体

纯粹的粉玉滴垂

枝干上都润满了红装

你的傲然

一路笑着落英的无奈

迎着风

盛开的花飘向山谷的悬崖旁

冈山高原上的樱花

遍了原野

遍了大地

遍了山冈

装点夜空的萤光

萤火虫

环境要求

判断生态友善的依据

　　说起萤火虫，那可是幼年记忆的事了。

　　盛夏的野外，夜幕降临，萤火虫提着一盏盏小灯笼，漫天飞舞，点亮了幽暗的夜空。不过，现在想看到这个带着光亮的小生命可就不容易了。

　　那年仲夏，我到台湾考察友善农业种植和管理方式，晚上住在花莲民宿秦先生的家里。

　　房屋的窗户对着稻田，入夜的蛙声在田间呱呱地唱，蟋蟀也振起了它的音翅，不同音域的声音此起彼伏，旋律优美，大自然的交响乐扰动着夜晚的静谧。

　　夜色中的秦先生坐在屋檐下喝茶。看到我走出屋门，就搬出一个凳子让我坐下。我们一边望着夜色中的原野，一边闲聊着。远处透过薄云闪出的光把山的轮廓照亮，有一种"空山新雨后"的感觉。

　　"一会儿有火金姑出来。"秦先生点起一支香烟说道。

　　"火金姑？那是谁？"这是我有生以来第一次听到这个名字，有些茫然。

　　秦先生笑着说："这个你们大陆人不懂。火金姑就是萤火虫。"

　　"萤火虫叫火金姑，挺好听的名字，不过，我很久没有看到过了。"我笑着说。

　　话音刚落，三三两两的萤火虫已经飘然而出，不一会儿，数量越来越多，飘在空中的萤火虫闪着亮光飞舞着，漫步在静悄悄的田野上。

　　秦先生看到我目不转睛地望着舞动的萤火虫，就扭转身子面向我低声说道：

　　"每年三月下旬开始，台北市动物园都会举办'恋恋火金姑'亲子研习营，邀请大人带着孩子夜访动物园昆虫馆的探索谷。动物园在此处设置适合萤火虫的栖息环境——次生林地、草地、小溪、池塘，种植萤火虫幼虫食用的植物，不设灯光，供萤火虫于三四月间在此大量羽化闪亮。小朋友除了欣赏繁星落入凡尘的奇景，还要了解萤火虫短暂而顽强的生命历程——卵、幼虫、蛹、羽化，羽化后便闪亮以吸引配偶繁殖，产卵后即死去，它们羽化后的寿命只有几天。"

我突然想起曾经看到过的一则台湾媒体报道，云林一所学校举办了"萤火虫守护活动"，师生们宣誓守护萤火虫，善待萤火虫栖息地。这所学校地处山区，周边环境成为学校的生物课堂，萤火虫更是学校师生最珍爱的"邻居"。

萤火虫的萤光不含红外线和紫外线，温度在 0.001℃ 以下，所以被称为"冷光"。

"萤火虫的闪光信号是如何组成的呢？"我问秦先生。

秦先生说："我有一个朋友是屏东大学的生物学教授，他是研究昆虫的，可能会说得明白。"

第二天，我和秦先生一起拜访了屏东大学的许文新教授。听说我们是来了解萤火虫的，他就饶有兴趣地谈起了萤火虫从一个简单的生物创造出世间光信号奇迹的生命历程。

许教授说："光是萤火虫信息的载体，其中包含的信息量随光载体的修饰程度而变化。闪光信号所包含的信息、闪光信号的传递、接收都是影响萤火虫两性交流的因素。闪光信号的频率、光谱、强度及这些参数在时间和空间上的分布都可看成信号的编码。单一闪光信号包含以下参数：光谱组成、发光器的形状、闪光信号模式和光的运动。"

我十分惊奇地问道："缘何这样一个小昆虫，会是如此复杂的组织结构？"

许教授接着说："复杂的还在后面呢！"

"萤火虫的发光器形状及大小通常是萤火虫种间辨认的基础。不同萤火虫发光器的形态差异非常大，雄萤发光器一般2节，雌萤发光器1～3节。水栖萤火虫雄萤发光器2节，第1节发光器位于第5腹节，呈带状，第2节发光器位于第6腹节，呈"V"字形；雌萤仅有1节发光器，带状，位于第5腹节。

"萤火虫光谱的颜色是由其体内萤光素的结构及萤光素与萤光素酶相互作用的方式所决定的，萤光光谱具有特异性，不同种类萤火虫的光谱不同。大多数萤火虫发出黄绿色萤光，夜晚黄绿光所包含的信息容易被同种萤火虫所接收。在信号传递中，黄绿光能尽量减少损耗，从而提高信号接收的效率即信噪比。"许教授随手拿出一本有关萤火虫的画册，边翻边说。

"萤火虫靠什么为生呢？"秦先生插话问道。

"萤火虫的幼虫以捕食蜗牛、蛞蝓等软体动物为主，是这些害虫的重要天敌。通过种群的恢复可以帮助人们减少此类害虫的危害。"许教授回答道。

"许教授，按您的说法，萤火虫可以抵御害虫对庄稼的危害？"我问道。

"是的，萤火虫是生态环境的指示物种，凡是萤火虫种群分布的地区，都是生态环境保护得比较好的地方。而水质污染、植被破坏则会严重制约萤火虫种群的生存和繁殖。"许教授非常肯定地说。

从屏东大学回到住处，我陷入了深思：难怪大陆大部分地方都看不到萤火虫了。当人们注重于农药防治虫害的时候，就忽视了对自然生态的保护，自然法则中的生物相生相克规律被人为地忽略了，害虫的天敌也就越来越少，几乎到了无处可以寻觅的地步。这是多么令人遗憾的事啊！

萤火虫不但是自然界的光明使者，而且人类还从其发光原理中得到有益的启示，并着力进行多学科的探索，取得了令人瞩目的成果：

科学家已成功地从萤火虫体内分离出萤光酶和ATP，并用化学方法合成了萤光物质，制成了不需电源、灯泡的生物光源，在矿井、深水作业等领域发挥了独特的作用。科学家还利用这一原理制造出没有辐射热的发光墙或发光体，为手术室或实验室的采光提供了极大便利。

科学家还将萤光酶测定 ATP 技术应用于癌症前期诊断。只要把萤光酶和癌细胞结合起来，根据 ATP 的发光强度就可以诊断癌细胞的扩散情况。实验还表明，生物体内只要有一千兆分之一克的 ATP，一旦接触到萤光酶，就可发出微弱的光。利用这一特性，可以制成生物探测器，送入太空后，可以捕获地外生命的蛛丝马迹，为人类寻找地外文明做出贡献。

随着生态旅游成为世界旅游业发展的新潮流，部分国家和地区投入了萤火虫生态旅游点的开发。马来西亚已建成 2 个萤火虫生态旅游景点：瓜拉雪兰莪武吉柏宁滨的萤火虫度假村和柔佛河畔的哥打丁宜萤火虫树林区。

新西兰奥克兰市以南的怀托摩萤火虫洞被人们誉为世界七大奇景之一。

在我国台湾阳明山国家公园、阿里山农场和嘉义县梅山乡瑞里风景区也已开发出了萤火虫生态旅游景点。

当下，台湾萤火虫集中羽化的地区都会吸引赏萤人群，一些往日的荒芜之地成为旅游热点。比如花莲光复乡，这里曾经有大片属于台糖的甘蔗田，制糖业没落后，土地荒芜，因曾使用过多农药而被长期弃种。2002 年，台湾林务部门联手台糖在这里造林，种了 180 万株、20 多种台湾原生树种。10 年后的 2013 年，这里已自然形成生态链，成为 50 种鸟类和 7 种萤火虫的栖息地。到了萤火虫羽化季节，夕阳西下之后，点点萤火开始闪亮，数万只萤火虫渐渐聚集，将森林映衬得如梦如幻，呈现春之夜的生态奇观，成为花莲当地最动人的春季生态奇观。

在这里观萤，游客不得使用闪光灯和手电筒，人类现代文明会惊扰萤火虫，使它们的繁殖能力下降。

赏萤火虫是一种"心跳"的活动，因为多数萤火虫的灯是一闪一闪的，闪动速度与人类心跳速度类似，1 分钟 60 下到 80 下之间。当数万只萤火虫群聚，感觉就像整片土地随着心跳一明一暗，并依种类不同分别发出淡淡的绿、黄、橘色的光。

赏萤不只是寻找大自然的归属感，还能激发出人们更多的想象力和创造力。

萤火虫生命短暂、脆弱，对环境的要求非常苛刻，但是只要有适合它们生存条件的环境，它们就会重新再现，用它们自身的光点亮人类。

我畅想着有一天，也能看到萤火虫美妙的舞姿和闪亮的身影在祖国各地广阔的天地间飘舞。

天赐的色泽

大自然的色彩

物种和环境

色彩变化的意义

　　在圣地亚哥州立大学停车场停好车，我沿着路标的
指示，走进了生物学院院长办公室。

　　院长史密斯教授是生物学家，和他一起工作的威廉
博士则是物理学家，我们是三天前通过电子邮件确定的
这次会见时间，交流的内容是"植物色彩元素变化形成
的机理是什么"。

　　院长办公室里只有史密斯院长和威廉博士。

　　史密斯教授瘦弱高挑，穿着考究。虽然是盛夏时节，
他依旧身着洁净的白色衬衫，一排纽扣一直系到喉结处，
坦坦然然地坐在弧形的木制转椅上；威廉博士高高大大，
身材魁梧，是 20 世纪 80 年代赴美留学的台大高才生，
加州大学伯克利分校物理学博士毕业后来到圣地亚哥州

立大学教书并做激光应用方面的研究。

史密斯教授开门见山地说："从你的电子邮件中我们了解到你提出的一些问题，我先回答部分问题。"

"史密斯教授，这次拜访非常重要，我可以录音吗？"我向史密斯教授征求意见。

史密斯教授说："当然可以。"

史密斯教授说："你问及植物色素形成的机理和原因，这是大自然给地球文明留下的痕迹，是太阳能转换为地球自然能的一个表现方式。换句话说，植物生长依靠阳光，在光合作用下使光能转化成植物能。"

"是的，我明白。"我点了点头说。

"在四季分明的地区，大自然上演着一幕幕的美景，把整个空间装扮得格外生动美丽。每年三月百花盛开，树梢长出细嫩的新芽，气候回暖，万物复苏；盛夏炎热，知了满树，稻谷绿油油的，一片沁人心脾的景色；秋高气爽，满山遍野五彩缤纷，构成了秋天独有的景色；冬季寒冷，树叶凋零，草木枯黄。多彩多姿的颜色变化，就是自然界丰富的天然色素。这些天然色素也是维系植物生长的光合作用所需要的催化剂。"史密斯教授满怀激情地说。

接着，史密斯教授打开投影仪，用图文来解释植物体色彩变化的原因。

植物体内含有许多色素，各有不同的功能，主要的植物色素有叶绿素、叶黄素、胡萝卜素和花青素等。

叶绿素是一个大分子，其基本结构是卟啉环，与血红素有些类似，但以镁离子为中心离子。在叶子进行光合作用时，它是吸收光能的主要发色团，共有叶绿素 a、b、c、d 四种。叶绿素 a 及 b 存在于高等植物与藻类及氰细菌的叶绿体中，叶绿素 a 会选择性吸收太阳光内 430 至 660 纳米波长的光波，吸收后剩下的光线经由反射便呈现蓝绿色。而叶绿素 b，最大吸光波长范围是 435 至 643 纳米。叶绿素 c 与 d 则存在于藻类中。

一个叶绿细胞中可含百个以上的叶绿体，叶绿体的外层称为囊膜，内有蛋白类的细胞间质叫基质，基质内有叶绿饼，叶绿饼是由多层的叶绿层叠加而成，叶绿层内含有绿色的叶绿素及其他色素。叶绿素不溶于水，不会在细胞内流动。

在阳光充足的温暖环境下，植物可以用氧、氮、镁、水、糖类等成分合成叶绿素，铁、锰、锌等微量元素则有助于叶绿素的合成。合成叶绿素的最适温度，因植物种类而异，小麦的叶绿素最适生成温度在 26℃～ 30℃之间。叶绿素并不稳定，叶子内各组织缺乏水分，或受到强烈阳光照射时，叶绿素便会被破坏。

胡萝卜素与叶黄素统称为类胡萝卜素，贮存在叶绿体及杂色粒内。胡萝卜素是碳氢化合物，不含氧原子，分为 α－胡萝卜素和 β－胡萝卜素。胡萝卜素结构高度不饱和，容易被氧化成为叶黄素，叶黄素在植物中的含量约是胡萝卜素的二倍。类胡萝卜素为脂溶性，不溶于水，但可被有机溶剂萃取出来。

类胡萝卜素是一种助吸光素，可以吸收蓝、紫色部分的可见光中的能量，最大吸光波长是 466—497 纳米，吸收后剩下的光线呈红及黄色。所吸收能量可以转移给叶绿素，帮助叶绿素取得光合作用所需的能量。值得注意的是，类胡萝卜素比叶绿素稳定，不会因受到光照而分解。

胡萝卜素还具有共轭双键[①]发色团结构，其激发能量高低由共轭双键数目而定，共轭双键结构越多，电子便越容易被激发，所需的光子能量也就越低。胡萝卜素

---

① 共轭双键即双键和单键交替的分子结构产生共轭效应。其特点是化学键的极化作用可以跟共轭体系传递。

具有 11 个双键，相当于蓝绿色光波的光子能量，可以把最高装填轨域电子激发到高能阶的最低未装填轨域，该能量高于叶绿素芳香烃发色团结构的光子能量。也因为如此，胡萝卜素可以将所吸收的高能光子传递给叶绿素光子，由于胡萝卜素可以吸收叶绿素吸收不到的光波长，使得光合作用的色光光谱变宽。

史密斯教授从桌子上拿起一个玻璃器皿，里面装有深紫色的液体："这是花青素，属于类黄酮。不同于其他色素，花青素是水溶性的，存在于表皮细胞的液泡中，但不与细胞膜相接触，与光合作用无关，也不会干扰叶肉组织中叶绿体进行光合作用。有趣的是，花青素的颜色会随着酸碱值而变化，遇酸变红，遇碱变蓝，颜色范围从红色、粉红色、紫色到蓝色，是一种天然的酸碱指示剂。

"花青素普遍存在于许多成熟果实中，果实颜色视其酸碱值而定。例如，苹果成熟时，表皮含有丰富的花青素，吸收蓝光、蓝绿光、绿光，而呈现红色。相对的，葡萄表皮则呈紫色。

"花青素很容易被水萃取出来，可以在家里进行一个简单有趣的实验。紫红色甘蓝菜有丰富的花青素，常用于制作蔬菜沙拉、餐桌上装饰或做德国泡菜。到市场买回半个，切碎后装入 500 毫升玻璃杯内，加满煮沸的蒸馏水，盖上盖子，让其自然冷却后，倒出蓝紫色液体，即得到花青素萃取液。取出约 2 毫升花青素萃取液，滴入几滴稀盐酸，即变为鲜红色；再滴入几滴柠檬水，便呈红紫色；滴入一些碱性的肥皂水，又变成蓝色。

"另外，可以取一张白纸或滤纸剪成纸条，浸入花青素萃取液中，将之晾干后，便是一张酸碱试纸。滴上洗发精或其他酸碱试液，由所显示的颜色，即可大约得知试液的酸碱度。"

我接过玻璃器皿仔细地看了看装在杯中的紫色精灵，说："一点点植物萃取的紫色液体竟如此神奇。"

威廉博士接过花青素瓶子说："植物进行光合作用，产生碳水化合物，才得以生长、开花与结果，同时提供了动物维持生存的所需基本食物。因此，光合作用是地球上的生物得以延续的主要机制。光合作用的奥秘在于叶绿素的电子传递与能量转换机制。

"光合作用的产物是氧气与以糖类为主的碳水化合物，全反应是吸热反应，将光热能转换成化学能，以碳水化合物方式储存能量。

　　"光合作用是由一连串的电荷与能量转移反应所推动，其中的关键性角色是发色团结构。分子内有许多电子轨域，各个电子轨域有不同且不连续的能量，有如楼梯一样，电子装填轨域的原则是先填满低能阶电子轨域之后，再进驻高能阶电子轨域。

　　"叶绿素分子发色团为高度共轭双键结构，将叶绿素的电子由最高装填轨域，激发到高能阶的最低未装填轨域所需能量很低，仅相当于红色光波的光子能量，因此可以吸收太阳光的红色光而呈现绿色。

　　"当这个电子由高能阶的电子轨域跳回到低能阶的电子轨域时，即将这些能量释放出来，转移到水分子进行光水解作用，亦称为光反应，促使水分子分解产生氢离子、氧及电子，合成腺苷三磷酸（ATP）与还有型烟酰胺腺嘌呤二核苷酸磷酸（NADPH）。在叶绿素基质中进行暗反应，将二氧化碳固定后，经由酶催化，与光水解作用产生的 ATP 与 NADPH 发生反应，合成碳水化合物。

　　"光合作用所需的二氧化碳与水分子，从植物的下表皮进入叶肉细胞的叶绿体进行光合作用，光合作用下产生的氧气则以气态方式经过下表皮组织扩散到大气中，碳水化合物产物则经过叶柄基部，运输到植物的各个部位。"

威廉博士递给我一篇文章：据英国《自然》杂志报道，表面看来，量子效应和活的有机体似乎风马牛不相及。前者通常只在纳米层面被观察到，出现在高真空、超低温和严格控制的实验室中。而后者则安静地栖息于温暖、混沌、不受控制的宏观世界中。诸如"相干性"这样一个量子现象，在细胞充满喧哗和骚动的疆域内，停留的时间不超过 1 微秒。然而，最近几年的科学发现表明，大自然拥有一些物理学家都不知道的技巧，量子相干或许在自然界中无处不在，我们已知的或被科学家怀疑的例子，有从鸟儿能使用地球的磁场进行导航到光合作用的内部机制等。

麻省理工学院的物理学家塞思·劳埃德（Seth Lloyd）表示，很多生物各施其能来利用量子相干过程，有点像耍弄"量子阴谋诡计"，有些研究人员甚至开始谈论一个方兴未艾的学科——量子生物学。他们认为，量子效应是自然界中多种作用方式中重要的一种。实验物理学家也向这个领域投入了更多关注。劳埃德表示："我们希望能从生物系统的量子技巧中有所斩获。更好地理解量子效应在生物体内如何维持，可能有助于科学家成功地实现量子计算这一难以捉摸的目标；或许，我们也能在此基础上制造出更好的能量存储设备和有机太阳能电池。"

　　史密斯教授站起来走到窗前，指着窗外的树木说："光合作用是植物、藻类利用叶绿素和某些细菌利用其细胞本身，在可见光的照射下，将二氧化碳和水转化为有机物，并释放出氧气的生化过程。这个过程对于生物界的几乎所有生物来说都是至关重要、不可或缺的，因此，光合作用历来也是科学家们关注的焦点。

　　"我们在研究中一直怀疑，在光合作用过程中发生着一些非同寻常的事情。自从20世纪30年代开始，科学家们就已经认识到，这个过程必须由量子力学来描述。量子力学认为，诸如电子等粒子常常表现出波一样的行动。击中一个光子会激起一波一波带能量的粒子——应激子，就像石头落入池塘会激起波纹一样。这些应激子可能是相干的，它们的波纹会延展到多个分子那儿，然而，与此同时，它们也会保持同步并且互相加强。

　　"我们因此得出了一个很简单的结论：相干量子波同时能以两种或多种状态存在，因此，具有相干性的应激子一次能以两种或多种路径穿越天线分子组成的'森林'。事实上，它们能同时探测到多个可能的选择，并自动选择最有效的方式到达反应中心。

"加州大学伯克利分校的科学家使用一系列极短的激光脉冲来探测绿色硫细菌的光合作用器官。激光中探测到的数据清晰地显示出了相干应激态存在的证据。

"光合作用并非自然界中量子效应的唯一例子。其实，科学家几年前就知道，在很多酶催化反应中，光子通过量子力学隧道效应从一个分子移到另一个分子。在经典力学中，分子运动可以被理解为粒子在一个势能面上进行漫游，能量势垒被看作该势能面上的'山口'，将化合物隔离开来。按经典力学，当动能小于势垒高度时，粒子不可能穿过势垒。但在量子力学中，微观粒子仍有一定的概率以一定的速度穿过势垒，这种现象被称为量子力学隧道效应。

"所有生物学中最重要的过程之一是光合作用：植物和细菌吸收阳光并将其转化为生物量的路径。多年来，没有人能搞清楚在没有大量失败率的情况下，这种反应会如何顺利进行，数学上的结果并不理想。但就在几年前，答案变得清晰起来：量子相干性。

"量子相干性是量子实体多任务处理的概念。当一个物理粒子像波一样运动时，就会发生这种情况，这样它就不仅仅是朝着一个方向运动，而是同时沿着多条路径运动。光合作用的原理是光子，即叶绿素分子捕获的光的'量子'，被送到反应中心，在那里转化成化学能。

"但令人难以置信的是，到达那里的过程中它不止遵循一条路线；它同时遵循多条路径，以优化最有效的方式到达反应中心，而不浪费热量。这是一种违背所有理性和理解的东西，然而，越来越多的证据表明这是真的。量子世界的幽灵效应存在于我们之中。

"一种蓝藻细菌，看起来没有什么不同，可是科学家在经过研究以后，惊奇地发现这些蓝藻细菌在光合作用的时候，竟然能够把'近红外光'转化成化学能，给生命体提供能量，这种光属于不可见光。

"人们曾认为光子会如同带电粒子一样从一个叶绿素分子跳到另一个叶绿素分子上，就好比薛定谔的猫在横渡溪流时可能会从一块石头跳到另一块上一样。但这种解释并不完全说得通。光子可没有方向感，大多数光能应该会漫无目的地往错误的方向传递，最终一头栽到'溪水'里。可是，在植物进行光合作用中，几乎全部光能都传到了光合反应中心。

　　"光合作用中有一个环节尤其让科学家们感到困惑不解：一个光子——你可以理解为一颗组成光线的粒子，在宇宙中穿行数十亿年之后，与你家窗外的某一片叶子里的一个电子相遇了。对于这个幸运的电子来说，接触到光子让它获得了能量并开始到处运动。它穿过叶片细胞内的一个很小的区域，并将其多出来的能量传递给一种特殊的分子，后者扮演了一种类似能量流的角色，将'燃料'输送到植物机体的各处。

　　"光合作用的背后很有可能隐藏着量子效应的作用。这里的问题在于：这个小小的能量输送系统运作得太好了。经典物理学认为受到激发的电子应该在受激发后在光合作用的细胞内运动一段时间，随后才有可能从另一端出来从而完成能量的传递过程。但在现实中，电子穿过整个细胞所用的时间要远小于理论值。受到激发的电子在这整个过程中几乎不会损失任何能量。这在经典物理学看来是难以解释的一件事，因为在胡乱穿过细胞内部的过程中，由于与细胞内壁等区域的碰撞，电子应该会损失一部分能量，但实际上这样的情况并未发生。

　　"受激发电子为何能够如此高效地通过光合作用细胞？量子力学的一项诡异特性便是它允许粒子在同一

时间存在于多个不同的位置，这种特性被称为'量子叠加'。利用这一特性，一个粒子就能够在极短的时间内同时探寻细胞内部多个不同地点，而不必'先后'探寻这些地点，这种方式让粒子能够几乎在瞬间找到最近的通过路径，从而极大地压缩了通过时间，并最大限度地减少了与细胞内部结构碰撞的概率。量子力学能够解释为何光合作用的效率如此之高，这一点让生物学家们感到意外。

"类似量子叠加这样的量子力学现象此前都是在高度受控的环境下被观察到的。一般情况下，开展量子现象观测时，科学家们需要将实验环境温度降低到极端低温，从而极大地抑制细胞的无关活动，以防止后者干扰对量子行为效应的观察。但即便是在这样极端低温的条件下，物质还必须被置于真空环境之中才能被观察，而且前提是科学家们所使用的观测设备必须是极其精确的，因为量子效应太过微弱，极难进行观测。而那些潮湿、温暖、生机勃勃的细胞环境则很显然是人们最不会将量子效应与之相互联系起来的地方。

"简而言之，叶绿素吸收光子后能量升高，电子有了足够能量脱离叶绿素。叶绿素就类似化学反应中失去电子的金属离子一样，从水中夺取氢和氧共用的电子对。水分解成氧气和氢质子。氢质子和 NADP 作为还原力将二氧化碳固定成糖。随着不停的光照和电子传递，碳就这样一点点积累下来了。"

史密斯教授重新坐回到他的椅子上，问道："我解释清楚了吧？"

"太清晰了，我能够理解，也深受启发，原来我们看似非常普通简单的植物的叶面形成的颜色、深浅、叶脉等都与光电子的激发、转换吸收有直接关系，这让我更深入地理解了植物颜色变化与自然界的密切关系，遵循自然规律是人类与自然和谐的关键。"

威廉博士说："我们已经开发了用于化学分析的新颖的非线性多光子激光方法，相比于广泛使用的基于荧光的方法，我们的方法可同时检测荧光和非荧光分子，具有极好的灵敏度。我们的激光设备提供相当好的检测生物分子灵敏度水平，因此，生物分子可以以天然的形式被检测到。激光探针非常小，并且被分析物可用于二维和三维空间映射内精确的定位，输入激光束创建动态激光光栅在原子或分子尺度和所得非线性光学效应射出分析物的强信号光束。激光的方法产生强相干光的激光状信号光束，因此，很容易检测到不同的信号，比如植物的叶子可以测出其自发声频率，以此计算出植物在生长期各个阶段所需要的营养和动态频率，这对于农业生产是非常有益的。"

史密斯教授建议我们去实验室看看，直观的效果会加深对激光分析的理解。

威廉博士带我走进一个封闭的房间，这就是他们的激光分析实验室，几位老师戴着护目镜正在聚精会神地工作着。

"我们的实验室必须有博士学位的学生才可以操作，因为它的结构、应用软件、实际操作比较复杂。检测的内容包罗万象，凡世界上的有机生命或无机的物质均可以分析，包括水、空气、植物，也包括动物，人类也是一样，可以通过一个很小的人类细胞和植物细胞，在极短的时间内就可以十分准确地分析出所有指标和数据。"威廉博士解说道。

会谈结束的时间到了，我与史密斯教授和威廉博士一一告别。

走向停车场的路上，我一路边走边仰视绿意浓浓的树冠，畅想着我化为比树叶气孔通道还要小的生命体，潜入树叶表面的呼吸孔进入叶绿体中，跟随叶绿素的营养腺，沿着植物营养吸收的循环，周游植物生长的整个历程，那该是多么的惬意。

生 命 的 始 祖

微藻

地球上最早的生命体

空气中 50% 的氧气来自微藻

　　肯塔基的春天依然冰雪铺地，迎面吹来的风夹带着逼人的寒气。

　　从辛辛那提机场租了一辆车，我和张衡沿着高速公路，一直向肯塔基州府所在地法兰克福行进。

　　法兰克福有两个工商业中心：路易斯维尔和列克星敦。列克星敦是肯塔基大学所在地，路易斯维尔是肯德基快餐业品牌的创始人哈兰·山德士的家乡。

　　开发高效微藻养殖光生物反应器，是肯塔基大学生物研究中心的重要课题。

　　肯塔基大学生物研究中心建在一块空旷的地方，几栋办公大楼排列在荒僻的野外，周边除了几处冷冷清清的养马场，没有其他建筑物，研究中心办公区就显得格外地孤冷。

研究中心主任马克教授已经在办公室等候我们。

马克教授是英国学者，继承男爵的贵族身份，他瘦削的脸上保有绅士的气质。

马克先带我们参观了微藻实验室，室内摆设着各种各样的模型、器材、管道、容器和部件。

室外的墙壁上挂着结了冰的管子，固定在墙体的支架上，管子里装着淡绿色的浆体，一串串气泡从底部涌向管壁四周，在管子顶端的喷流中溃灭。

马克告诉我们说："我们正尝试在极端寒冷的天气中养殖微藻。你们看一下，冬天微藻生长得虽然缓慢，但它们非但没有被冻死，反而活得很健康。当然，这只是在探索低温微藻养殖的可行性。我们的重点是利用微藻进行固碳减排，减少二氧化碳温室效应对地球环境的影响。"

"微藻需要二氧化碳，怎么没有看到利用二氧化碳的实际装置和场景？"我环顾四周之后问道。

"我们在这里只是做微藻养殖实验的，规模试验场所不在这里，建在一个火力发电厂的旁边。"马克说。

我有点疑惑地问："为什么建在发电厂旁边？"

　　"我们在发电厂的空地上建了一套微藻养殖系统，通过搜集器捕捉发电厂烟囱排出的二氧化碳，再输送到微藻养殖系统中，这样就可以利用二氧化碳养殖微藻，既可以节能减排，又可以养藻。"马克的助理奥尼尔博士补充说。

　　第二天，奥尼尔带我们去参观微藻试验基地。

　　清晨的小雪稀疏地飘然而落，奥尼尔载着我们驶向电厂所在地的方向。

　　临近中午时分，奥尼尔问道："我们需要在途中用个午餐。你们喜欢吃烧烤吗？"

　　得到我们肯定的答复之后，他说："我们会路过一个有着百年历史的烧烤店，它家的烧烤是美国烧烤早期的原型，凡是路过此地的人都会在这里用餐。据说，肯德基炸鸡的想法就产生在这里。"

　　肯德基炸鸡的传奇发生地即将出现在眼前，不免让我有一点儿兴奋。我幻想着百年烧烤老店的模样，一定是气势恢宏。

　　"你们看，桥对面就是路易斯维尔——肯德基的总部就在那里。"奥尼尔指着远处的城市说道。

　　雨雾中的建筑物模模糊糊，只能看到一个轮廓，我们无心去考究肯德基的发展史，品尝百年前的手工烧烤吸引着我们。

当车子停下来的时候，我才注意到这个百年老店只是一间外墙漆成白色的砖混结构的小屋，矮矮的，平淡无奇，面向桥面的墙上"BBQ（英文 Barbeque 的缩写）"三个红色大字格外醒目。

紧靠墙边处还摆放着一只救生圈。

我看着这只救生圈有些不解。

奥尼尔指了指不远处的桥梁说："餐馆前面是条河流，救生圈是为了应急救援用的。这是餐馆为不小心落水的人提供的一项救助服务。"

这个只有 30 多平方米大小、富有传奇色彩的小屋，修建在通往路易斯维尔城市中心的大桥边，百年历史的过往，见证了一路走过的形形色色的人，刻印着充满各种奇闻的传奇故事。

走进餐馆，只见餐台前围坐着十几位不同服饰的人，他们在喝威士忌、咖啡和一些有色饮料，这是肯塔基当地男士喜好的饮食方式。

屋内的灯光不太明亮，但是仍旧可以分辨出柜台前悬挂着历史遗留下来的各种款式的汽车牌照，墙壁上张贴着 20 世纪 30 年代的陈旧画刊，最引人注目的是悬贴在屋顶正中央的玛丽莲·梦露亲笔签字的照片。

这个小小的烧烤店里流淌着曲折漫长的百年长河，河上一叶小舟载满过往的尘封。进到这里，可以读懂肯塔基的历史演绎。

午餐的汉堡和烤鸡翅还保留着炭烤之后浓浓的余香，汉堡里的安格斯牛肉依然保留着百年老店浓郁的风味。

店主人指着桥对面的楼房告诉我们："肯德基的总部就在河的对面，肯德基早期鸡翅的烤制方法，是从我们这儿得到的启发。后来哈兰才把烤鸡翅改为炸鸡翅。"

午饭之后，我们一行又出发了。当看到远处浓厚的白色烟雾从高高的烟囱涌向天空时，奥尼尔告诉我们，那个地方就是我们要去的电厂——利用二氧化碳养殖微藻的示范地。

路对面，几只麋鹿在雪地里寻觅食物，看到我们驶近的车辆，其中一只麋鹿高高地扬起头紧紧地盯着我们，嘴巴不停地咀嚼着，眼睛睁得大大的，警觉地观察着我们，虽然没有一丝胆怯，但会让你感到它们随时都会奔离而去。

目的地到了，电厂发电机组隆隆的轰鸣声充斥于耳，散热塔不断地涌出一团团白色的蒸汽消散在空中，为阴冷如冰的天气增添了一片苍白。

临近电厂的一块平坦的高地上，一排排探向天空的透明管柱，傲立在疾风吹袭的底座上，几个较大的容器罐井然有序地排列在高地的下方。

顺着烟囱的方向，我看到有一条金属管道从烟囱的中部直接延伸到微藻系统旁边的储罐里。

奥尼尔说："这是二氧化碳收集管道和储藏罐，二氧化碳在这里进行降温并与空气混合，从而调到微藻养殖所需要的浓度和温度。再通过管道和连接阀，将其导入微藻光生物反应器进行微藻养殖。微藻利用光合作用将二氧化碳转化为营养素，促进微藻的分裂和快速繁殖。"

我从微藻试验场看到了未来的曙光：二氧化碳对气候变暖有着不可小觑的影响，通过消解发电厂排出来的二氧化碳养殖藻类，既达到了节能减排，又可以获得微藻活性物质，是一项利好的环保事业。

天色将晚，气温快速下降，奥尼尔敦促我们尽快返回列克星敦。

繁星布满整个天空时，我们回到了研发中心。

马克在办公室等着我们。

　　一看到我们进门，他就迎了过来："你们跟着我的车去吃晚餐，先去一个啤酒厂品尝一下纯德国酿制的黑啤酒，然后再去市内的一家西餐厅就餐。"

　　啤酒厂不是很大，所有的酿酒设备都明亮如新。黑啤酒的醇香充满整个品尝大厅。大厅里，熙熙攘攘的人们排着队购买自己喜欢的啤酒。很多男士围坐在桌边，一边饮着啤酒，一边目不转睛地盯着酒吧上方的电视屏观看美式橄榄球赛。

　　我因为要开车，对饮用啤酒有些犹豫，喝啤酒在外州是有严格限制的。马克告诉我，可以饮用一小杯。

　　马克微笑着告诉我：一小杯啤酒的酒精含量都在法律的界限内，你们只是品尝，又不是豪饮。

　　一小杯鲜榨德国黑啤由侍者送了过来。我呷了一小口，果然味道非常醇美。

　　那天的晚餐设在一个非常高雅的西餐厅里，马克表示：这是对我们远道而来的中国客人的敬重。

　　第二天早上，我们早早地来到研发中心。由于来得早了一点，中心大门还没开，我们在门外等候。这时，一群肯塔基特有的灰鹅昂着头，旁若无人地从我们前面走过，在草地上寻找食物。

马克很快到了办公区。我们随着马克一起走进研究中心会议室，奥尼尔和其他研发人员也陆陆续续到来。

"说起微藻，它是地球的生命起源。"马克一开场就语出惊人。

"40多亿年前宇宙中出现了地球，那时的地球是一个没有生命、地壳活动相当活跃的星体。直到35亿年前，地球上的海洋中出现了第一个单细胞生命——蓝藻。

"蓝藻有叶绿素，它吸收太阳光得以缓慢地自养。到21亿年前，地球上大气的氧含量第一次达到了1%左右，地球上出现了绿藻。绿藻含有叶绿体，蓝绿藻同时光合放氧，让地球大气的氧含量加速提升。在5亿年前，地球大气中的氧含量达到10%～15%，这时候，单细胞生命不再各自为营，它们组建在一起，成为一个多细胞的生命体。

"随着多细胞生命的繁盛，海洋中的生物开始慢慢向陆地迁移，蓝藻和绿藻最先从水体来到了陆地。此时的地球是一个光秃秃的硬壳，没有土壤，以地衣为代表的蓝藻和以小球藻为代表的绿藻以及真菌，三者组合成一支生力军，利用阳光、微生命和风雨对岩石进行侵蚀，岩石被风化和分解，地壳表层的矿物质逐渐形成了我们今天的土壤，之后，地球才有了种子，有了植物，有了无脊椎动物，直到 20 万年前人类走出非洲。可以这么说，没有微藻就没有地球今天一切的生命。"

我们认真地听马克对微藻的讲解："微藻是原初生命，蓝藻绿藻是生命的始祖，是我们今天适宜万物存在的地球环境的缔造者。微藻可以固定大气中的氮，并将其转化为生物可利用的有机氮，这是植物生长所必需的。"

奥尼尔接着马克的话茬说："微藻可以激活土壤中的有益微生物，微藻通过放氧，土壤中的好氧微生物被激活，和有益微生物一起与植物的根系组成了根际生态圈。同时微藻还是一种高蛋白的物质，含有 50% 以上的蛋白质和 8 种氨基酸，当它完成放氧功能消亡以后，就成为很好的有机物，最重要的是微藻中小球藻中的活性生长因子，是小球藻特有的酶化物，会促进植物的初级代谢和自身代谢，修复损伤的细胞，一旦刺激代谢产生以后，植物的生命力会大大增强。

"2007 年，美国政府推出'微曼哈顿计划'，其宗旨是向海洋藻类要能源，以摆脱严重依赖石油的窘境。能以微曼哈顿计划命名，可见这项计划的重要性。为此，美国能源部由圣地亚哥国家实验室牵头，组织十几家科研机构的上百位专家参与这一工程。微曼哈顿计划的出台带动了藻类生物燃料开发热潮。肯塔基大学参与了微藻养殖光生物反应器的研发。"

"微藻的主要作用在哪里？"我问道。

"土壤中的藻类有助于分解岩石，释放矿物质，以创造更多的土壤。藻类产生多糖，保持水分，可减少土壤侵蚀，促进土壤中空气的流动性。通过转化激励的过程，吸收过量的营养物质来减少营养流失，减少湖泊和河流的面源污染。

"微藻通过促进土壤微生物的活力，维持土壤有机碳的含量和肥力，进而使作物增产提质。微藻通过酶的转化，溶解不同形式的氮化合物，为土壤提供氮肥。"奥尼尔回答道。

马克在墙上画出一些图标，解释微藻的重要性。他说："微藻合成生长素、多糖、杀菌物质等代谢产物，对植物根际生物群的繁衍至关重要。土壤中的生物多样性使有机生物量和土壤中的腐殖质不断聚集，形成健康土壤中的有机质，这是农业生产的必需物质。"

马克转过身继续在墙上列出微藻用途的示意图。"土壤藻类和藻株，细菌和真菌相互作用，用于再生农业和环境保护的好处是多种多样的，使作物种植量更大，产量更高，减少化肥的用量，减少或消除农药对作物的侵害，保持植物健康和活力，实现低成本、绿色循环生态的再生农业经济。

"微藻通过促进土壤微生物的活力，提高土壤中营养物质的可利用性，维持土壤有益菌在土壤与微藻的相互作用，通过增强生物膜的形成来限制病原菌的繁殖，土壤藻类引起土壤微生物群落结构的变化，从而影响种群密度，使得植物根系不受有害菌侵染。"

这时，马克站起来绘制了一套更加完整的微藻产业化的图示，虽然我们来肯塔基之前已经恶补了微藻方面的知识，但听了麦克的讲解，才知道微藻的学问涉及各行各业，占满整个山墙的图释解析了微藻从高端到低端的利用范围和价值。

马克用最简练的语言来描述微藻的前景："现在的光生物反应器在微藻生产量的提升方面效果非常惊人。如果生产环境达到微藻生长所需的合适要求，在这个系统里，通过光合作用和二氧化碳，微藻就可以快速地分裂，快速地增长，每12个小时或18个小时，微藻系统就可

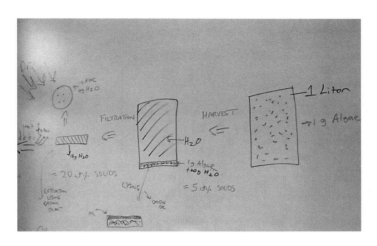

科研人员现场绘制的微藻原理图

以自动采收一次，自动采收的标准是微藻细胞液每毫升达到 5000 ～ 8000，每次收割三分之一。

"一套 1000 吨微藻光生物反应器系统，占地 2 英亩①，可以每天收获 300 吨的藻液，这套系统每千克产生的微藻干重可以达到 1.5% ～ 3%，比其他光生物反应器的产量要高出 60% 以上。所产出的微藻可以广泛地用于许多行业，雨生红球藻所产生的虾青素是目前所知的植物超级抗氧化剂，在医疗保健方面的优势显著。次一级微藻藻粉可用于食品添加剂，微藻中的多糖、氨基酸、

——————————
① 1 英亩 =4046.8564 平方米。

蛋白质都是非常好的营养元素。它还可以做饲料，尤其是鱼虾的饵料。微藻生物能源油，可以替代石化的柴油，也可以做食用油。微藻在水体和土壤中的应用更加普遍，全世界很多国家的研究机构都在深入研究微藻更多的应用领域，甚至还开发出用微藻活性细胞液替代化学农药的新技术。"

马克带我们参观实验室展示出的微藻产出物：生物柴油、微藻食用油、微藻藻粉、微藻生物塑料颗粒等提取物质。

电厂微藻碳减排示范项目

一年后，我们在国内建成这套先进的微藻养殖光生物反应器系统，预示着微藻养殖的高速反应器在我国正式安家落户。

第一个微藻二氧化碳捕集和示范工程在广东电厂建成，标志着微藻正式步入高耗能企业二氧化碳综合利用的新局面。

微藻系统在上海、成都、广东、山西等地像雨后春笋一样一个个建立起来，预示着微藻发挥其生物能量的新时代已经到来。

微藻将在土壤修复、水环境治理、动物养殖业、农产品种植、化妆品、保健食品等领域发挥积极的作用，开创生物经济微生命的历史先河。

我在这绿色的生命进程中，看到旭日跃出海平面的灿烂曙光。

来自天山的黑蜂蜜

黑蜂

近百年的驯化和培育

天山千米高原

　　与邝伟博士前往新疆伊犁考察黑蜂，是我们酝酿已久的事。邝博士喜欢种花，兰花是他一生的钟爱。花开时节，蜜蜂要为花朵授粉，这是邝博士每年最为忙碌的季节。

　　到伊犁机场接我们的唐亭听说我们想了解伊犁黑蜂，她的话就没有停过："伊犁河谷草原辽阔、水草丰盛、空气清爽。发源于天山的伊犁河，形成了独特秀丽的伊犁河绿洲草原。油菜花开时，世界一流的高山五花草甸草原飞舞着伊犁黑蜂，这里降雨量充沛，蜜源植丰富多彩，是养蜂的天然圣地。"

　　位于尼勒克县城东部喀什河上游的草原更有"蜜库"之称。

伊犁的黑蜂属于西方蜜蜂种，20 世纪初由俄罗斯人从中亚、西亚引入伊犁，该蜂种已成为适应新疆天山地区蜜源和气候条件的一种特有的蜜蜂资源。作为国家重点保护的蜜蜂资源，黑蜂经过几十年的自然选育、人工驯化，成为优势良种，被列为我国四大蜂种之一。

唐亭联系了农业部门的黑蜂办公室的买买提。买买提家乡就在尼勒克，他自幼就跟黑蜂打交道，对黑蜂相当了解：

"伊犁黑蜂是我们国家的一个遗传资源，也是一个很宝贵的地方品种，在新疆经过 100 多年的人工驯养，蜂种的特性和国外祖先的特性相比已经发生了变化。黑蜂在形态特征、生物学特性方面和我们国内其他蜂种有着明显的区别，它对环境适应力比较强，越冬期比较长，但是耐寒能力很强，在新疆牧场可以采到商品蜜，而且蜜的质量比较好，所以这个蜂种是在新疆特殊的气候地理条件下形成的一个优秀的地方品种。不过，现在纯种黑蜂几乎见不到了，多数都是杂交的，而且真正的杂交一代、二代都比较少了，血统高度混杂，这个物种资源很危险，处于濒危状态。我们正在培育更适应新疆地理条件的新品种或者新品系。"

买买提指着办公室墙面上挂着的"伊犁黑蜂布局图"说："唐布拉大草原充沛的雨水和野生的党参、贝母等70多种天然中草药，让这里处处弥漫着花蜜的香气，酿造了优质原生态的黑蜂蜂蜜。尼勒克县依托大自然博大慷慨的馈赠和山水灵气的结晶研制开发了黑蜂蜂蜜系列。2012年，尼勒克黑蜂蜂蜜经国家工商总局商标局正式批准，成为地理标志证明商标。"

"伊犁的黑蜂蜂蜜与普通蜂蜜有什么区别吗？"邝伟问道。

买买提满面春风地掰起指头说："主要有以下几个特点：绿色品质突出。伊犁地处偏远，交通落后，未受到近代工业、生活污染，是全国农牧业有机食品基地之一。在蜂蜜标准中，伊犁黑蜂蜂蜜重金属含量指标远远低于国家、国际指标。

"多样性的中药保健成分：伊犁高山、河谷的地貌特点，造就了伊犁植物的多样性，药用植物比重大。蜜源植物中有100多种山花植物，较为典型的有党参、贝母、野薄荷、益母草、百里香、甘草等，其保健营养、调理功能可见一斑。

"活性酶成分含量高，口感浓烈独特：伊犁黑蜂蜂蜜含有多种维生素和芳香物质，气味香郁袭人，口感甜润绵长。黑蜂山花蜜的淀粉酶值可达 10 以上，而国家标准淀粉酶值为 4，国际标准淀粉酶值为 8，出口方面的淀粉酶值则不能低于 8.3。伊犁蜂蜜的指标当然得益于伊犁珍稀的生态资源，充分显示出伊犁黑蜂蜂蜜的野生蜜源价值。"

买买提："现有的蜜蜂数量远不能满足农业授粉需求。"

"怎么讲？"邝博士问道。

"近日，中国农业科学院的科学家研究表明，全球农业对传粉蜜蜂的依赖度越来越高，但家养蜜蜂数量及传粉能力远远不足，无法满足全球农业最佳授粉需求。蜜蜂对维护全球农业可持续发展、保障食物供给安全具有重要的战略意义。据悉，全球 75.7% 的主要作物依赖昆虫传粉，昆虫传粉产生的经济价值占全球作物总产值的 9.5%。

"近几十年来，受环境破坏、农药不合理使用等诸多因素影响，野生传粉昆虫数量锐减。在众多作物中，油料作物的授粉需求占全部作物授粉需求的 70% 以上，其中大豆和油菜两种作物占比高达 50% 以上。"买买提以专业的角度谈及蜜蜂授粉的重要性。

　　"现在的问题是，人工养殖的蜜蜂出现一些蜜蜂消失的事件，让养蜂的人非常困惑。"买买提一筹莫展地耸了耸肩。

　　我对买买提说："西南大学的吕陈生教授是专门研究蜜蜂的，他对蜜蜂消失做过比较深入的调查研究。大致情况是这样的：全世界上大概有1000多种蜜蜂，它们比我们人类更早来到这个世界。化石资料显示，3亿年前，蜜蜂还有其他类似授粉昆虫，像蜻蜓等昆虫很早就在地球上分布，分布最广的是一种意大利蜜蜂，这个蜜蜂跟意大利没有什么关系，只是意大利的学者发现的。"

　　蜜蜂演化的过程是非常复杂的，四五万只蜜蜂能够在一个小小的空间里面有调不紊地生活，这是一个非常伟大的生物进化现象。在蜂巢里面，只有一只蜂后，蜂后身边有将近100只雄蜂，它们的工作就是繁殖后代，跟蜂后进行交配，产下成千上万只的工蜂，它们都是这个蜂后的女儿。蜂巢里面有妈妈，有爸爸，还有女儿，可是每一只蜜蜂的生命周期不尽相同，一只健康的蜂后在没有环境威胁的情况下，可以活3～5年，雄蜂理论上也可以活那么久，可是等到冬天来临的时候，这些男士的胃口太大了，工蜂怕过冬的花粉和花蜜都被这些雄蜂吃光了，在冬天来临之前，就把这些雄蜂赶出蜂巢，让它们在自然界里自我消亡，因而在过冬的蜂巢里面不可能找到雄蜂。

蜜蜂过冬也是一个非常完美的进化过程，当外面的温度低于15℃的时候，我们几乎在外面看不到蜜蜂，因为蜜蜂没有办法承受15℃以下的低温。当外面的温度开始降低的时候，所有的蜜蜂都会跑到这个蜂箱的底部，抱团取暖。

在冬天快要结束的时候，当外面的温度达到–11℃，蜂巢的温度可以达到33℃，里外巨大的温差是所有工蜂的贡献，它们在蜂巢里结成一个蜂球，中间就是蜂后，它不能够承受太低的温度，否则蜂卵不会孵化。整个冬天蜂巢一直保持温度差，这就是它们过冬的生存演变，温度的变化要保持一个非常完美的平衡和能量代谢，只要稍微受到一点点的干预，这个蜂巢就不会安全。

美国一位职业养蜂者，他养了40多年的蜜蜂。一天，他对前来调研的专业人士说，他养的蜜蜂消失了。他曾经打电话给农业部门，农业部门派了很多专家到他的养蜂地去调查，整个蜂巢的蜜蜂在冬天结束的时候消失了，只剩下少数几只冻死的蜜蜂。这个蜂巢在冬天来临之前并没有任何疾病的现象，空的蜂巢里面还剩下非常多的蜂蜜和花粉。这些人从来没见过这种现象，他们为此取了个名字：蜜蜂蜂群崩溃症候群。

2011 年，联合国发表了一篇报告，提醒全世界的人类，我们必须要改变一些行为来拯救蜜蜂，因为它们对粮食生产非常重要，1/3 的营养价值最高的农作物需要蜜蜂的授粉，如果在地球上没有了蜜蜂，我们只能靠人工授粉。人工授粉永远不能够取代蜜蜂授粉，人工授粉长出来的农作物绝对不会比蜜蜂授粉长出来的好吃好看。经过长期的观察，很多专家提出了对蜜蜂消失的看法，研究方向指向了农药。在研究人员的艰苦努力下，终于发现，一种叫噻虫胺的新烟碱类杀虫剂是造成蜜蜂消失的根源。

美国可以种庄稼的地方都用到噻虫胺，95% 以上的噻虫胺都用在了玉米上。不同颜色的玉米粒代表使用过不同的农药。过去玉米的种子是黄色的，而现在的种子颜色变得非常漂亮，但是漂亮的颜色里面是一个非常可怕的现象，当这些漂亮的颜色的种子种在土地里面的时候，这些农药会非常神奇地跟着植物一起生长，植物长多高农药就跟着长多高。玉米收获之后，拿去喂鸡喂猪喂牛，人们还开发出一种新的蒸馏技术，从玉米中提取出糖水，叫做高果糖玉米糖浆。很多养蜜蜂的农民，把蜂蜜刮下来拿到市场去卖，然后拿这些高果糖玉米糖浆的糖水来作为蜜蜂的食物。用这种糖水喂养的蜜蜂，过了几代之后，毒素开始发酵，就使得蜜蜂到了冬天毫无征兆地消失了。

美国作家蕾切尔·卡森写了一本非常有名的书——《寂静的春天》。这本书出版4年之后，美国开始关注这些濒危动物，包括他们自己的国鸟白头鹰。当他们发现这本书上面所描述的那个可怕的叫DDT的农药，会影响到白头鹰生存的时候，美国禁用了DDT。现在你到美国去看，很多地方都可以看到白头鹰翱翔在山崖和崇山峻岭的上空。

为什么春天到了没有鸟叫？因为蛋壳太薄了，当母鸟公鸟坐在上面孵蛋的时候，蛋自己破了。DDT有干扰动物内分泌的毒性现象。这些母鸟抓了河里面的鱼，抓了海里面的鱼，这些鱼身上都有生物富集的DDT，DDT到了鸟身上之后干扰了母鸟的内分泌，生出来的蛋壳特别薄，一不小心就破了。冬天结束，春天到来的时

候，没有小鸟出生，所以一切安静。当初不知道的毒性，
二三十年之后显现出来了，而我们付出的代价已经太大
了。在 21 世纪初，研究人员目睹了蜜蜂蜂群崩溃症候
群，并且找到了原因。科学家们期盼能够禁止农药的使
用，当 3 月花朵需要授粉的时候，还能看到更多的蜜蜂
在花丛中飞舞。

买买提听完我的介绍，从柜子里拿出一个包装精美
的瓶子说："伊犁黑蜂蜂蜜蜜源来自 1500 米以上的高原
地带，所酿的蜂蜜为透明浅黄色到琥珀色液体，黏稠且
有油脂的光泽，较易结晶，结晶后呈细腻洁白或乳黄色
的油脂状。这是蜂蜜的自然现象，食用时只需用温开水
化开即可。"

我接过瓶子边仔细观察蜂蜜结晶的形状边问道："蜂
蜜结晶是有益还是无益？"

"蜂蜜的结晶是一种物理现象。蜂蜜含有多种成分，
如葡萄糖、果糖、不饱和溶液。由于葡萄糖具有容易结
晶的特性，因此，在较低的温度下，放置一段时间，葡
萄糖就会逐渐结晶。

"蜂蜜结晶是一个非常复杂的变化过程，必须要在一
定的温度下（13℃～ 14℃）转化。如果温度过高，溶解

度增高，结晶溶解；温度过低，蜂蜜的黏性增大，不易使结晶聚集。结晶还要有结晶核，结晶核的多少也决定了结晶的程度。蜂蜜结晶还与蜂蜜的蜜源有关，也与含水量有一定的关系。"

告别伊犁之后，我和邝博士驱车来到博乐市的赛里木湖，湛蓝的天，洁白的云，碧绿的湖，天山顶的皑皑白雪，给盛夏的新疆带来了徐徐凉意，而伊犁黑蜂蜂蜜，带给我们的是更多的对甜蜜生活的期许。

乌梁素海的芦苇丛

乌梁素海

黄藻

劣五类水

飞机的轰鸣声还在包头机场上空回荡，我和赵杰、韩磊穿过嘈杂的机场接机大厅，与前来迎接我们的乌拉特前旗的王林先生会合。

从包头到乌拉特前旗还要赶 117 千米的路程，我们必须在天黑之前到达前旗政府所在地——乌拉山镇。

当夜幕降临的时候，我们已经在充满蒙古风情的酒店里坐了下来。酒店大堂的中心安置了一座蒙古包，成吉思汗的画像挂在蒙古包大帐的正中央。

王林热情地为我们送来了香气四溢的马奶茶，还有数不清的用牛奶做成的各种美食。

"乌梁素海离这里还有多远？"我问道。

"不远，一个小时的路程。"王林回答道。

王林是乌拉特前旗的当地农民，他的家就在乌梁素海附近，从他记事起，他的父辈就一直在这里从事农田耕作。

乌梁素海是内蒙古自治区三大淡水湖之一，位于巴彦淖尔市乌拉特前旗境内，现有水域面积 300 平方千米。

乌梁素海，蒙古语的意思为生长红柳的地方，是黄河改道形成的河迹湖。它是全国八大淡水湖之一，素有"塞外明珠"之美誉；它是全球范围内干旱草原及荒漠地区极为少见的大型多功能湖泊，也是地球同一纬度最大的湿地。

乌梁素海是鸟的世界、鱼的乐园，有近 200 种鸟类和 20 多种鱼类在这里繁衍生息。

乌梁素海湖面碧波荡漾，苇丛如诗如画，百鸟啼鸣婉转。乌梁素海旅游区与乌拉特草原融为一体，是集湖泊、草原和乌拉山为一体的综合旅游区，可谓青山、绿草、碧波相映成辉、野趣天成。游人至此，可领略北国的湖光山色，探索珍禽候鸟的活动奥秘，体验乌拉特草原风情，观赏小天池奇观。

"但是，那是过去的情景，现在已经很少见了。"王林用近似无奈的语气说。

　　我想探问出究竟，王林笑呵呵地说："今天时间不早了，你们也一路舟车劳顿，早点歇息，明天你们到了那里自然就知道答案了。"

　　次日早上，我们一行人沿着一条平坦的公路向东驰去，很快就到了王林的家乡——牛卜子村。

　　早春的天气还充满了寒意，薄薄的衣服无法阻止寒冷的侵入。我把衣衫紧紧地裹起来。

　　远处一台正在耕地的小型拖拉机发出残喘的声音。我仔细观察，才发现拖拉机犁不动地了，原因竟是地上的塑料薄膜缠绕住了犁头。看着农民从犁头上拽下破损的地膜，随手扔在路旁，我对王林说："从犁头拽下来的地膜不做回收，随手一扔，会带来环境问题的。"

　　王林用茫然的眼神看着我，摇摇头。

　　话音刚落，一阵风起，刚刚扔在地头的破碎塑料薄片，随着风飘向空中，漫舞着，狂笑着，翻滚着，飘向远处。

　　我望着漫天飘荡的白色薄膜，不禁发出一声忧虑的叹息。

　　走进王林的家，更让我大吃一惊，偌大一处院子，竟然没有一条修建好的路。房屋的窗户，塑料纸代替了玻璃，风撕裂了窗缝，嘶鸣声在屋子的角落里窜动。

王林看到我的困惑样子，淡淡地苦笑了一下说："我长期在外面打工，家人也都离开这里了，只剩下这间老屋还保留着，年久失修，有些破旧了。"

我回望一眼窗外的小路，说："村里的人还在种地吗？"

"越来越少，能种地的年轻人都出外打工了。"王林回答道。

我们聊起乌梁素海美好的过去，王林眉飞色舞地说起他和小伙伴们一起在湖里游泳捕鱼的趣事。一天，他在湖里抓到了一条大鱼，可是他瘦弱的身体没有力气把大鱼抓上岸，他挣扎着在水里与大鱼搏斗，眼看体力不支，大鱼就要跑掉，他急中生智，一把抓来水中的芦苇穿在鱼鳃里，拉着芦苇把大鱼带到了岸边。小伙伴们都为他欢呼雀跃。那是他童年最为自豪的事情。

走出王林家，我们一起先去看了村后的盐碱地，只见一望无际的大地上铺着一层薄薄的盐霜。许多地块走在上面如同走在软软的地毯上，脚底下可以感受到土壤的晃动。土壤中的水从脚底处渗了出来。

"这里土地上的次生盐碱比较严重。"赵杰和韩磊小心翼翼地从盐碱地上走过去。

"是的，地下水含有一定的盐分，加上内蒙古一带又比较干旱，当地下水的水面接近地表时，地下毛管就会引导地下水上升到地表并被蒸发掉，水里的盐分就会留到地表。随着时间的推移，土壤中的含盐量就会逐年增加，最终形成现在的盐碱土。"我蹲下身抓起一把土说道。

"怎么才能解决呢？"王林用期待的目光看着我。

我随手从背包里拿出来一个浅棕色的瓶子，递给王林说："这是我们开发的一个高分子产品，增加了使植物

乌梁素海的盐碱地

可以吸收营养的有机物质，通过创建土壤友善环境来促进根部的发育。这款产品能够培育自然健康的土壤，增加有益微生物。这些微生物可以为土壤增加土壤团粒、氧气和腐殖质的密度。"

"植物的生长需要营养素和微量矿物质的相互作用，以促进土壤形成有机物，维持活跃的生物系统。土壤中的微生物种群，有促进植物生长的功能：它是本源微生物的营养物质。腐殖质在植物的根区形成一个微生命的加工厂。此外，土壤富含腐殖质，可保护根部并缓冲多年使用化肥和农药积累在植物根部系统中的硝酸盐和其他毒素所造成的伤害。"我继续解释说。

王林详细记录下使用方法和注意事项后，便带我们一起去乌梁素海探究这颗名噪一时的塞外明珠的素容。

走近乌梁素海，还真有海的感觉，凉丝丝的风吹过湖面，荡起一层层的涟漪。远方的山与湖融为一体，山连着湖，湖连着山，好一幅画家笔下的写意画。

湖中一望无际的芦苇，占据了视野所见之处，几乎只见芦苇不见水，随处一站，都可以听见芦苇叶子在风的吹拂下，发出"沙沙"的响声。空气中的清新，伴有芦苇的气味，也带着湖水的凉意。

　　水面上漂浮着塑料瓶等各种各样的弃物和一些翻起白肚的死鱼，不少地方泛着白沫。

　　黄藻是这里常见的生物现象。在乌梁素海湿地水禽自然保护区的圪苏尔核心区黄藻的面积更大，几乎布满了公路两侧的水面。

　　黄藻是一种生长在湿地的藻类植物，在温度适宜、水体富营养化加剧时迅速生长蔓延，覆盖水面，使水生植物、鸟类和鱼类等因缺氧而造成致命危害。

　　"2008 年春，也就是你们现在来的时间，乌梁素海曾出现面积达 8 万多亩、持续近 5 个月的黄藻，使核心区域水面被覆盖，水体严重污染，此事引起国家领导的高度关注。"王林说道。

　　据巴彦淖尔市河套水务集团提供的资料，这里的水质常年都是"劣五类"，不仅不能饮用、浇地，甚至不能接触皮肤。

　　而这竟然是被誉为"塞外明珠"的黄河流域最大的淡水湖。

　　"乌梁素海今天这么大的污染，大部分还是农田退水的面源污染造成的。"内蒙古乌梁素海湿地自然保护管理局的领导在一次接受记者采访的时候说，"乌梁素海从形成以来就是河套退水汇集的地方。"

汇集在乌梁素海中的河套退水，每年的蒸发量可以达到 2000 毫米，水分蒸发后，原来水中所含有的农药和化肥的残留物等等，不断地沉积、浓缩，加剧了乌梁素海的污染。

我无法控制自己的思绪：

乌梁素海，内蒙古高原上的一颗璀璨明珠，高原上聚集生灵的天堂，300 多平方千米水域内的生物，依靠她的汁液生息。

曾几何时，乌梁素海哺育了众多的水产与生物，也是迁徙候鸟繁衍生息的地方。

海水荡漾，鱼鸟腾跃，野鸭啼唱，天鹅展翼；芦苇葱葱，天物颖襄，民居乐业，地阔天敞。

如今，我站在乌梁素海的岸边，想探寻野生生物的所在、所翔。我寻遍视野所及之处，也难以找到只鳞片爪，或是一缕羽毛，就连久居此地的村民也已经很久没有见到曾有的瑞祥。

湖面上的绿装，静静地躺卧，这并非是湖水曾有的衣裳，而是农耕富养物和工业污染物流入水中常年积累所致。它破坏了水质，改变了水体，也摧毁了水域的生态。

　　展望远处，映入眼帘的是一片白茫茫：大地的白色是被灰白色的盐碱所覆盖；天空的白色是随风飘扬着的白色塑膜。

　　我为之叹息：乌梁素海，你固有的美艳、碧翠，何时还能找回？你的静谧、优雅，何时才能重现？你的宽广、大度，何时能够再次让大地拥抱？

　　谁来重新绣出你曾有的斑斓？谁来为你编织美丽的花环？

　　谁来勾画你绚丽的新妆？谁来修复你内在的创伤？

　　我，太多的期盼，太多的夙愿。

　　乌梁素海，我拿什么拯救你？

　　……

　　自离开乌梁素海之后，如何恢复那里的生态环境，一直是压在我心头的重负。我畅想着终有那一天，乌梁素海广袤无垠的大地种满了冰葡萄，用它酿制的优质冰葡萄酒成了乌梁素海的地标产物；经过修复的盐碱地焕发出青春，重新生长出满地的玉米、高粱和优质牧草；湖里漫无边际的芦苇生产成纸浆，成为造纸行业用之不竭的原料；泛滥成灾的黄藻也成了养殖业的饲料。

　　乌梁素海重新织就百鹤争鸣、鱼腾雁飞，一派生机盎然的美丽画卷。

　　我们可以听到乌梁素海走向新生的步伐，离我们越来越近。

学农，从娃娃抓起

金布尔·马斯克
学农花园
食品教育

　　初夏时分，洛杉矶的气温已经达到 38℃了，即使站在树荫下依然会感到热浪滚滚。

　　听说美国的小学都开设了学生学农的课程，让孩子们从小就贴近农业，提升他们对食物来之不易的感知度，在孩童时代就为他们铺垫农业知识，对他们的整个人生都是有价值的。由此，我让助理米娅帮我预约到美国小学参观的日程。

　　到美国参观小学校不是一件容易的事，米娅帮我联系的学校，直到三天之后才给予可以来校参观的答复，但是，要约法三章，我必须签署一份安全承诺书后才可以进入学校内部。

　　通过电子邮件，我签了一份安全协议，承诺我不会带任何危害学生安全的物品进入校园，也不会给学校的教学带来任何影响，只是来校了解一下学校开展小学生学农的意义和做法。

米娅下午2点就已经等候在奥克斯纳学校的门口，我也在约定的时间与米娅在学校门前会合。

门卫是一位退休的警察，他戴着一副老花眼镜仔仔细细地看了我签了字的安全协议，又查看了我的护照，用锐利的眼光打量了我一番说："校内不可以随意走动，不可以影响学生上课，不可以……"他庄重地连续不断

进入鱼菜共生试验地的指示牌

地宣读着进入校园里的注意事项，生怕遗漏声明中的内容。

进入校园内的那扇门终于打开了。玛格丽特校长迎在门口，她微笑着，满面春风地带着我们走向学校后院的学农花园。

花园建立在一个二层楼的平台上，旋转楼梯的顶处，可以看到"鱼菜共生"的标示牌挂在入口处，幼稚的字体在原色的木板上显得充满了童稚。

二楼的平台上摆着几组用木板材料做成的长方形的种植箱，下面的支撑箱里可以隐约看到游动的小鱼。靠近墙边是一排修剪整齐的方形种植框，上面长着一些嫩绿的菜苗。

在这小小的种植园，一切都是井井有条的。

玛格丽特站在蔬菜种植区说："我们学校的学农小菜园有三个目的。一是我们想让学生从小就懂得什么是农业生产，鱼菜共生实际上是循环农业的一种方式。"玛格丽特突然转头看着我问道："史迪夫先生，听米娅说，您对鱼菜共生还是比较了解的。"

"了解一些，我曾经在几所大学的鱼菜共生基地做过调研。"我回答说。

　　玛格丽特眼睛里闪出一丝喜悦："能讲讲吗？对这方面我们不是太懂，现在你看到的场景只是我们一个初期的展示，学生们非常好奇，会提一些五花八门的问题，我们常常被学生的问题难住。"

　　"澳大利亚的园艺爱好者20世纪70年代就成为鱼菜共生早期的先行者。1997年开始，美国维尔京群岛大学的詹姆斯·瑞克西博士和他的同事们研发出了一种基于深水栽培的大型鱼菜共生系统。之后，世界各国多个大学逐步开展相关技术的研究，探索大规模鱼菜共生的农业生产技术和方法。"我把了解到的一点点信息告诉玛格丽特。

　　"鱼菜共生的方法有很多，最常态的就是直接漂浮法：用泡沫板等浮体，直接把蔬菜苗固定在漂浮的定植板上进行水培。还有用养殖水体与种植系统分离的方法进行鱼菜共生，两者之间通过砾石硝化滤床设计连接，养殖排放的废水先经由硝化滤床的过滤，硝化床上通常可以栽培一些生物量较大的瓜果植物，以加快有机滤物的分解硝化。经由硝化床过滤而相对清洁的水再循环进入水培蔬菜或雾培蔬菜生产系统，用水循环或喷雾的方式供给蔬菜根系吸收，经由蔬菜吸收后又再次返回养殖

学校里的鱼菜共生种植区

池，形成闭环。这种模式可用于大规模生产。"我指着学校实验地的装置说，"你们学校使用的就是我说的第二种方式。"

玛格丽特赞许地点了点头。

"您说的培养学生学农的另外两个目的是什么？"我问道。

"第二个目的是我们鼓励学生们积极向上的进取精神。到这里种菜的学生，在学校里是品学兼优的孩子，他们可以在这里选择种植不同品种的蔬菜，在老师的指导下完成种植。之后，他们每过几天就来这里做记录，写下自己的心得笔记，作为日后总结的依据。种植出来的蔬菜，他们可以带同班同学来看，也可以请父母来观摩。蔬菜成熟之后，他们可以摘下来，拿到班里去与同学们分享。我们这样做的目的是培养学生互爱与尊重，培养劳动创造的能力。"

"非常好，一举多得。"米娅大为称赞道。

"第三个目的是受到金布尔先生建立全美学农花园的影响。在学生中普及农业知识和珍惜食物的意识，要从娃娃抓起。"玛格丽特笑容可掬地说。

在玛格丽特校长的邀请下，我们一起走进校长办公室。玛格丽特校长为我们倒上一杯清水，接着先前的话题说："我们学校也向金布尔先生递交了联合建设'学农花园'的申请，这项计划如果能够在我们这里实施，意义深远。"

"金布尔先生的学农花园，已经红极美国了。"玛格丽特校长说道。

她随手从桌子上的书架中抽出一本画册，里面详细地介绍了金布尔学农花园的缘起和发展的情况：

金布尔先生的全名为金布尔·马斯克，他是伊隆·马斯克的弟弟，出生在南非。金布尔和哥哥伊隆一起，从简陋的车库设计软件开始，经历了 ZIP2、PaPal 软件的开发和成功销售，当他们分得了第一桶金的时候，伊隆选择了风险极大的项目投资，创建太空公司、特斯拉汽车，进军太阳能产业。金布尔却转向了回归自然、绿色的生活。

美国餐饮食品的现状令金布尔担忧，满大街各种快餐店，到处是高热量的油炸食物。美国儿童与青少年的肥胖率，在发达国家中高居第一。他决心开一家餐厅，将工业食品赶出人们的饮食圈，让人们在他的餐厅吃到真正健康有机的食物。

为了开餐厅，金布尔跑到纽约国际烹饪学院学起了烹饪。2001 年金布尔从烹饪学院毕业，那一年发生了"9·11"事件，就此改变了他的人生轨迹。

事件发生后，由于金布尔的住所离现场很近，他志愿为消防员提供食物。连续六个星期，每天早上他都会去附近的烘焙店制作健康的食物，然后开车将食物送到搜救队员手里。他后来这样说："我看到了食物在社会里的力量，毕竟，即使处于困境之中，你还是要吃饭的。"

通过一段时间的观察，金布尔发现当时美国市面上的餐厅多数为快餐厅，而且这类餐厅在城市地区的数量惊人，遍布大街小巷。上学的孩子、在写字楼上班的职工、生活拮据的老人、匆匆忙忙的过客，都是这类餐厅的常客。

在大量的快餐厅背后，美国的餐饮系统已经形成了一个工业化的食物体系。这一体系也直接贡献了一个惊人的数字：70%的美国人超重，儿童与未成年人肥胖率高达18.4%。曾经在硅谷拼搏的金布尔从想开餐厅的那刻起，就决心向这类餐厅发起挑战，自然不会满足于小有改进。他所追求的是从根本上解决美国饮食不健康的问题。

于是在2004年，金布尔与雨果·马西森的第一家"厨房餐厅"在美国科罗拉多州的博尔德城成立。

厨房餐厅外观看起来很普通，是因为金布尔想要营造美国普通人家里的厨房环境。在"厨房"这一名字的背后，金布尔希望他的餐厅能像家一样，让人们可以吃到家里味道的饭菜，在舒适的用餐环境中轻松交流，促进彼此的关系。

餐厅中销售的食品都属于"真正的食物"，金布尔认为只有使用无污染并且新鲜的食材，做出来的饭菜才会让食客品尝到食物本真的味道。所以，"厨房餐厅"中的食材都是由当地的农场直接配送，所有食材均为经过严格挑选的本地食品，也就是我们熟悉的"从农场到餐桌"的概念。烹饪过程自然也是由金布尔和雨果亲自监督。

在餐厅开业后，本地食物及优秀的烹饪手法受到了食客的广泛好评。然而，金布尔很快就遇到了一个问题："真正的食物"价格对普通人来说过于昂贵。吃过"厨房餐厅"的人给出的就餐平均价格为 30 ~ 60 美元（约合人民币 180 ~ 360 元），这主要是因为厨房餐厅的食物全部采用绿色食材，价格远高于市面上的一般蔬菜。再加上博尔德的消费水平并不是很高，所以来厨房餐厅品尝"真正的食物"的普通民众并不多。

虽然金布尔尝试着采取多样的经营策略，如效仿酒吧的经营模式开设"Happy Hour"（在规定用餐时间内就餐的菜价相较于其他时间要更加优惠），但由于时限太短，收到的成效微乎其微。食客们也忍不住抱怨：我喜欢这里舒适的环境和可口的菜肴，餐厅十分不错，但如果赶不上买一赠一，会感觉钱包被掏空了……

为了降低食物的价格并吸引更多普通民众前来就餐，

金布尔很快想到了通过构建本地可持续食物生产链降低生产成本。食材的种植、采购、配送过程全部在本地完成。而这一供应链从生产到餐厅端仅仅 16 千米。这与在美国动辄几千千米的食物运送里程相比简直不可想象。而金布尔也成功地把每一种食物的价格控制在 10 美元以内。

在金布尔的不懈努力下，数家在博尔德周边的有机农场与他们达成了长期合作协议。"隔壁餐厅（Next Door）"正式成立。

这家餐厅依然致力于提供"真正的食物"，本地可持续食物生产链也有效地降低了菜品的价格。这样不但提供了低价的优质本地食物，而且促进了当地农业经济的发展，并提供了更多的工作机会。金布尔在一次采访中提到，选用当地食材对他而言比从墨西哥进口有机认证食物更加珍贵。

距离餐厅最近的供货农场只有 8.5 千米，并且是永续 + 社区支持的农场。

2011 年，金布尔滑雪时不慎摔伤了脖子，半身瘫痪的他在病床上躺了整整两个月时间。他开始思考什么是对自己最重要的，以及自己如果有一天能重新站起来，应该做什么——最后他得出的答案是：他愿意以"食物"为终生事业，带领整个世界走向一种更健康的饮食文化。

金布尔发现，如何改变只吃披萨和薯条的孩子们的饮食观念，让他开启了食品教育之门，让学校里的"学农花园"变成儿童的游乐场，是一件值得探寻的事情。

为了改善当地青少年的食品教育，让孩子们了解到健康食品的重要性并降低当地青少年的肥胖率，金布尔决定为孩子们创造一个亲身体验"真正的食物"的机会。

这一构想很快成为现实。那年春天，金布尔、雨果与詹·卢因共同建立了非营利性公益组织"厨房社区"，并与当地学校合作构建了"学农花园"，深入各个学校

金布尔与孩子们一起品尝自己亲手种植的萝卜（图片来自Kimbal Musk 推特）

金布尔为杰米·奥利弗代言（图片来自 Kimbal Musk 推特）

校园和社区的公共空间，创造体验农业的机会。

这不禁让人联想到知名的英国大厨杰米·奥利弗发起的"食物革命"。他们不约而同地选择从学校入手，让孩子重新认识食物。很多孩子喜欢垃圾食品，是因为他们对真正的食物缺乏必要的认知，而对于不认识的食物他们也不会想要尝试，从而陷入一种恶性循环。

金布尔记忆犹新的是杰米·奥利弗在《食物革命》纪录片中的场景：

杰米拿着一串鲜红的西红柿问："谁能告诉我这是什么吗？"

围坐在餐台前的孩子们举起了手。

杰米请一个男孩回答。

男孩盯着西红柿说："土豆。"

这一幕让金布尔惊呆了。原来从小吃工业餐饮食品长大的孩子，连最基本的蔬菜也难以辨别。

为了扭转孩子们五谷不分的现状，使绿色理念进驻他们的饮食文化，金布尔决定把食物生长的过程搬到课堂上，并尽量让大家不把园艺当成课程，而只是去享受自然和对农产品的好奇。

第一站他选在了孟菲斯，这里被称为"肥胖之都"，肥胖率在美国高居榜首。

金布尔出力出钱，一切都亲力亲为，亲手操办。第一座"学农花园"在孟菲斯落成。花园完全模块化设计，没有任何围栏，老师也不做过多干预，孩子们下课后可以徜徉在这个自然游乐园里，和植物们尽情玩耍。

金布尔请来农技人员给孩子们上农业科普的课程，教他们如何选种、育种，如何把种子种到土壤里。吃惯了薯条、汉堡的孩子们，怎么也不会想到：原来食物可以像魔法般"变"出来。他们下课后就迫不及待地查看自己栽种的植物是否冒出了嫩芽，植物生长的每一步他们都悉心观察，生怕错过了一点点细节。

孩子们收获时的喜悦（图片来自 Kimbal Musk 推特）

　　金布尔和他的伙伴也会经常来到这里，和老师们一道，给孩子们讲解栽培、土壤、灌溉等各方面的知识。因为关系到自己的植物能否茁壮成长，孩子们都听得格外认真。收获的季节，孩子们也会请来金布尔一起共享美味午餐。

　　孩子们亲手栽种，亲自采摘……

　　拿着从土壤中"变"出来的蔬菜，每个孩子脸上都洋溢着难以言表的喜悦。

　　其实在校园做农艺，不是金布尔的独创，早在他之前就有人尝试过，但他们往往一年只建一两个，速度效率极为缓慢。

金布尔等不了，肥胖问题更等不了："我的目标是让所有孩子接触到有机食物，越早越好。"他花巨资迅速在各座城市建立"学农花园"。

短短 5 年时间，他已经在全美建设了 270 多个学农花园，作为孩子们的室外课堂和娱乐空间，为 120 万名学生提供了接触自然、了解食物来源的机会。

学农花园的影响力也日益凸显，评估显示参与学农花园的学生吃蔬菜的概率比未参与的学生高出 25 个百分点。

从孩子做起的这项活动，影响了整个家庭的饮食结构，改善了美国以肉为主的不健康习惯。

这股热潮，正在席卷美国，学农花园太过火爆，上千所学校发来邮件，争相申请参与这一项目。

为了能让这一项目在更多校园开花，金布尔之前的餐厅派上了用场，餐厅收购校园里的有机果蔬，为客人提供有机食物，同时将筹集的资金继续投入学农花园的建造。

一向西装革履的商业精英，就这样成了头戴草帽、脚踩黄土地的"农场主"。

而金布尔的脚步远远没有停止，他希望在 100 个社区，建立 1000 座学农花园。

到 2050 年，世界人口将飙升至 99 亿，地球的负担将异常沉重，绿色食物资源会更加有限。相比哥哥着眼未来，积极扩展外太空空间，金布尔只想脚踏实地，积极从事有机事业，恢复地球生态。

或许金布尔的哥哥会因为对未来的探索名扬天下，但有人记得他的可能性却很小。他却丝毫不在意："没关系，这是一个需要很长时间的事情，我将为此付出一生。"

"我们总是需要食物，对食物的需求从来没有终点，从事与食物相关的工作，是我一生做过的最棒的事情。"金布尔自豪地说。

金布尔的厨房社区还与两家公益组织合作，开启了结合学农花园的创新、营养与健康课程。合作的两个公益组织分别为从事青少年营养与健康教育和创新教育的组织。课程致力于通过教育来改变儿童肥胖问题，并通过食物教育让更多的美国家庭开始烹饪，重新联结土壤、食物与健康，促进学生的创新和创造。

在成功创办了"厨房餐厅"和"隔壁餐厅"后，金布尔又创立了一家新的餐厅"小厨房"。餐厅提供价格

金布尔的"城市农场"（图片来自Kimbal Musk 推特）

低于 5 美金的快餐，但与其他诸如麦当劳的所有快餐餐厅不同，它只提供非工业化生产的食物。尽管食物品种也是汉堡、沙拉等等快餐，但食材均来自当地，并且保证有机、健康和低廉的价格。

金布尔提到，他的餐饮业连锁的关键是建立食物可持续的本地生产链，确保高质量和环境友好的食材，不采纳工业化的食物供应者，而是使用本地农民所产食材。

金布尔在 TED（环球会议名称）演讲上说，2010 年的时候很多人错过了互联网创业的高潮，而食物是"新的互联网"。

金布尔说："食物是我们这一代的机会。"

科技发展迅速，但食物行业目前基本保持原状，当今销售食物的公司还和互联网时代之前的公司并无差别。互联网极大地改变了人们的沟通方式，而食物行业却还没有受到明显的冲击。

学农花园是一种创举，它掀起一场轰动全美小学生的学农风潮，正在迅速地向世界延展，让学生在孩童的时候，就了解食物来之不易，纵观植物生长的全过程，享受收获后的喜悦。

自从有了"学农花园"，孩子们放学再也不捧着iPad玩了。

在花园里，他们得到了一种健康、绿色的新乐趣。

金布尔自己也会时不时地来学校，和孩子们一起享受难得的童年时光。

这些种植的蔬菜采摘完成后，老师还会亲自带领孩子们把它做成一道道美味的食物，然后分享给周围所有的小伙伴。

在金布尔的推动下，"学农花园"覆盖学生人数超过百万，它为孩子们提供了大量接触自然、感受生命的机会。

为了能建造更多这样的花园，金布尔开设了自己的"绿色餐厅"。餐厅里的有机蔬菜全部来自"学农花园"。而每卖出一份美食，金布尔都会把收入再投到新的"学农花园"的建设中。

至此，金布尔并没有停止他前进的步伐，最近他还推出了"城市农场"的新项目。区别于传统的户外农业，这个新项目是以"集装箱"为载体的。

他们用 LED 灯光代替传统的阳光，并设置了精密的灌溉管道和气候控制系统，还有垂直生长塔、各种先进

集装箱式"城市农场"（图片来自 Kimbal Musk 推特）

的高科技传感器。

用这些科技手段进行改造后，人们就可以在里面种植蔬菜。

更神奇的是，他们能通过调节不同变量来影响蔬菜的口感，这样就能针对每个人的口味来个性化地控制蔬菜的品质。

利用数字和模型来改变植物的生长环境，可以满足不同客户的需求。

"集装箱农场"是个好项目，但由于采用了许多高科技设备，集装箱的电力供应是个大问题。

对环保有着强烈执念的金布尔，想到了哥哥伊隆·马斯克，希望哥哥可以为自己的"集装箱农场"项目定制一套太阳能解决方案。

时隔几十年后，曾一起赚下第一桶金的马斯克两兄弟，再度为了梦想联手。

这一次，他们的目标，是畅游在一片蓝海的新能源领域，做一番造福人类未来的大事业。

……

离开奥克斯纳学校，我一直在思索美国小学校开展学农的意义。

　　学校培养学生学农的自觉意识，无疑是教育范式的创新。

　　一个小小的农场产生出来的不是蔬菜，不是物品价值，而是让学生自幼心存对农业的敬畏：食物来之不易，加倍珍惜才是对生命的尊重。

邂逅花儿西

和田玫瑰

玫瑰花茶

精油

　　从新疆和田到北京的飞机上，遇到了一位第一次乘飞机出行的维吾尔族姑娘——花儿西。

　　花儿西有一双美丽动人、明亮如洗的大眼睛，干净的脸部刻满了维吾尔族姑娘特有的气质和韵味。

　　花儿西考取了北方的一所大学，这次是前往学校报到的。和田没有直飞那个城市的航班，只能先飞北京，再由北京乘火车去学校。

　　一路上，花儿西没有面对陌生人的拘谨，跟我侃侃而谈，从交谈中我了解到她有许多奇妙的想法。她想当模特，模特的气质让她痴迷；她羡慕空姐，那是让花儿西非常向往的崇高职业；她非常想去上海读书，上海给她的印象是高不可攀的都市；她尤其想去韩国，问及理由竟是想领略济州的自然风光和目睹韩国女孩的美颜，当然，她不明白韩国女生已经很漂亮了，为什么还要花那么多钱去整容。

花儿西喜欢和田的一草一木、历史人文，这让我想起登机前才观赏过的千米葡萄长廊。

和田巴格其镇的农民为节省耕地，利用农田道路，将葡萄种在道路边上，枝蔓架在道路上方，多占天，少占地，取得了明显的社会效益和经济效益。20 世纪 80 年代初，和田县将这一方式大力推行，并进行了统一规划，逐年扩大，全县葡萄长廊达 1500 多千米。利用农田道路建成千里葡萄长廊，创造了葡萄栽培史上的奇迹，受到中外来宾的高度评价。

葱绿茁壮而又生机勃勃的葡萄长廊绵延千里，蔚为壮观，徜徉其间，脚下是乡间小路，头顶翡翠般的葡萄，一派怡人景色，使人融入自然天成的环境中。

花儿西谈到五百年的无花果树，更是眉飞色舞。她对我说：无花果属小乔木类，维吾尔语称"安居尔"，花藏在花托里，不易发现，所以又称"神秘之果"，当地群众称其为"福寿之果"。

和田无花果树冠像一丛巨大而别致的绿色蘑菇，占地面积达 0.1 公顷，周围的根连根，盘根错节，向四周蔓延，如蛟龙起舞，千姿百态。至今无花果树结果依然一年三茬，果实累累，年结果量达 2 万多个，6—10 月都能吃上新鲜果子，不但味道甜润爽口，令人回味无穷，而且具有强身健脑、延年益寿的功效，被人们誉为人间"仙果"。

像这样历史久远而又异常硕大、生机蓬勃的灌木不仅在新疆，在全国也实属罕见。

花儿西更喜欢妈妈做的拉面，可以让人垂涎三尺。谈及此，她眼睛里闪烁着亮光，是自豪，是赞许，还有期盼。

花儿西好奇地问我为何来和田，我坦诚告诉她此行是为考察沙漠种植玫瑰的事。

我向花儿西解释道：在和田，有人的地方，就有巴扎（维吾尔语"集市"），有巴扎的地方，就有玫瑰。和田玫瑰花，产自沙漠绿洲，是沙漠中最香的玫瑰花，真正用天山雪水灌溉。在绿洲与沙漠交会处，大片的玫瑰在风中摇曳，花朵优雅迷人，花香沁人心脾。

当然，我们现在沙漠里种植的玫瑰是用的新的方式，在沙漠上开垦出土地，拉起灌溉水管，将玫瑰移栽到整理好的土地上，一片生机勃勃的玫瑰庄园就建成了。在和田沙漠中人工种植玫瑰，是一项既可以改造沙漠环境，发挥和田玫瑰原有的生产价值，同时又可以带动当地居民富裕起来的好方法。

　　玫瑰，这一象征着浪漫爱情的花朵，不仅变成当地百姓餐桌上的美味食品，还是帮助当地优化环境的天赐之物。

在沙漠中新种植的玫瑰

　　和田玫瑰生长于塔克拉玛干沙漠边缘，那里人迹罕至，日照时间长，由昆仑山雪水融化浇灌，一年只开一次花。当地人们素手采摘，充分保留天然玫瑰成分。

　　我国是玫瑰花种植大国，具有丰富的玫瑰花资源。目前，全国玫瑰花种植面积已超过 20 万亩，以山东平阴的重瓣玫瑰、甘肃的苦水玫瑰、新疆和田的粉色玫瑰最为有名。

　　中国玫瑰制品年均需求增长高达 12% ～ 14%，产能增长约为 8%，市场需求缺口超过 60%。中国药用、食用、酒用、化工及出口玫瑰花年需求 30 万吨以上，而全国总产量不足 10 万吨。

　　玫瑰是中国传统的十大名花之一，也是世界四大切花之一，素有"花中皇后"之美称。玫瑰花中含有 300 多种化学成分，如芳香的醇、醛、脂肪酸、酚以及含香精的油和脂，常食玫瑰制品可以柔肝醒胃，舒气活血，美容养颜。玫瑰初开的花朵及根可入药。

　　玫瑰的果肉，可制成果酱，具有特殊风味，果实含有丰富的维生素 C 及维生素 P。用玫瑰花瓣以蒸馏法提炼而得的玫瑰精油可以改善皮肤质地，促进血液循环及新陈代谢。

　　和田地区种植的玫瑰系早期叙利亚大马士革玫瑰，为世界上不多的木本玫瑰，其品质稳定优良，是唯一达到国家有机无污染标准的纯净玫瑰，为世界独一无二的高地沙漠玫瑰，地地道道的沙漠香魂。

　　和田玫瑰花有广泛的用途和很高的经济价值。用它加工生产的玫瑰花酱、玫瑰花茶、玫瑰花馕等食品深受和田人喜爱。

　　和田玫瑰花一直被和田人当茶饮用，而玫瑰花酱则是和田人的传统美食。近年来，和田还开发了玫瑰精油、玫瑰花酒、玫瑰花茶等一系列玫瑰产品。每年的五月，是和田玫瑰花开的季节，玫瑰巴扎已早早呈现出一派车水马龙的热闹景象。方圆数十里的花农们，赶着驴车，载着大包小包刚采摘下来的带着露珠清香味道的玫瑰花，从四面八方汇集到这里。很快，玫瑰巴扎就被装扮成玫瑰的世界。巴扎上到处弥漫着幽幽淡淡的玫瑰花香，令人神清气爽。

　　和田玫瑰又名粉玫瑰，耐寒、耐旱，抗病力强，对土壤要求不高，是极具地方特色的经济作物。以前，百姓通常把玫瑰花栽培在房前屋后。现如今，玫瑰既能够观赏，花朵还能够食用。早餐，一块馕饼抹上玫瑰花酱才好吃；而深受和田人喜爱的药茶，就含有玫瑰成分。
一碗清茶，玫瑰花酱蘸馕，茶香、馕香、酱香、糖甜，
一个上午，人的身上都散发着玫瑰花的香味。两三颗花
蕾，就能让整杯茶水芬芳无比，尝一口鲜爽回甘。

　　泡玫瑰花茶，最好用热水冲泡，这样可以使玫瑰花
茶的营养成分充分发挥出来。另外，为了增加风味，提升
口感，也可以加一些蜂蜜、冰糖、蜜枣等，这样不仅可
以减少玫瑰花本身带有的涩味，也具有加强功效的作用。
和田玫瑰花，沙漠中最香的玫瑰，口感好，香味长久。

　　玫瑰鲜花在清晨摘下后 24 小时内即取出黄褐色的
玫瑰精油，这是玫瑰花最重要的产品，大约 5 吨重的花
朵只能提炼出 900 克的玫瑰精油，是全世界最贵的精油
之一。玫瑰精油是制作香水、护肤品的优质原料，极为
名贵，素有"液体黄金"之称。

　　玫瑰精油还广泛用于医药和食品。玫瑰精油富含维
生素 C、胡萝卜素、维生素 B 和维生素 K，维生素 K 能
促进血液凝固。

　　玫瑰精油的自然芳香经由嗅觉神经进入脑部后，能
刺激大脑前叶分泌出内啡肽及脑啡肽两种激素，使精神
呈现最舒适的状态，这是守护心灵的最佳良方；能消炎

杀菌、防传染病、防发炎、防痉挛，促进细胞新陈代谢及细胞再生；能调节内分泌，促进激素分泌，让人体的生理及心理活动获得良好的发展；适用于各种皮肤，可滋养皮肤，延缓衰老。

花儿西眨着眼睛似懂非懂地听完我对玫瑰花的描述，她的眼睛里流露出对家乡特有物产的自豪。

愿花儿西家乡沙漠中的玫瑰开遍大漠荒原，让玫瑰花的每一滴精粹润育和田大地，造福那里的人民。

右龙的第一场雪

> 茶叶有机种植
>
> 液态有机肥
>
> 红豆杉抗癌
>
> 物质传递

右龙村坐落于安徽省黄山市休宁县西南部，毗邻江西省浮梁县瑶里镇。

右龙村从唐朝末年建村，至今有上千年历史，村中尚保存几百年前的古石栏杆、古亭、古庙、古桥、古祠堂和古民居，还有保存完好的有近千年历史的张氏宗谱，文化底蕴较为深厚，是个典型的皖南山区徽文化的古村落。

一米宽的石板路从村中穿过。这就是明清时期通往浮梁的"徽州大道"。400多年来，这段五千米的路贯穿全村，几乎保存完好的"徽州古道"都是石板石磴建筑，直到今日，依然是村民徒步去往江西的便捷之道。

我和来自安徽黄山学院的甘佐新教授一行前往右龙

村，是为了考察黄山新安源有机茶的种植情况。

方国强是黄山新安源有机茶的创始人，也是茶叶有机种植的坚守者。

方国强出生于休宁县的鹤城乡，年轻时他和村中大多数人一样，以砍伐、贩运木材为生。然而，方国强看到乡亲们疯狂砍伐，青山逐渐褪色，山洪频发，新安江浑浊，这种竭泽而渔的脱贫方式让他心生隐痛：砍伐一棵树只要一小会儿，但长大成材却要几十多年。于是他毅然放弃了砍伐、贩运木材的营生，转而从事有机茶种植，他决定要以有机茶发展之路来修复、呵护新安江源头的生态环境。自此，他成了一名新安江源头的环保卫士，带领乡亲们肩扛"生态环境保护"与"有机茶事业"的双面大旗上路，这一走就是 20 余年。

多年努力如愿以偿，他被人们誉为"新安江源头保护第一人"。2012 年，方国强光荣当选"心动安徽年度新闻人物"，评委会给方国强的颁奖词是：突如其来的洪水，是大地对子民的惩罚，他从困顿中觉醒，溯源而上，引领一条条河流的救赎，用绿色点燃美丽的家园，青山遮不住，江入新安清。

离开休宁县城，我们沿着山路一直往右龙村的方向行进。

"离茶场有多远？"我随口问道。

方国强说："90 多千米。前面的 50 千米比较好走，后面的路比较窄一些，好在司机常常走这条路，路况熟悉，会走得快一点。"

我望着窗外飘舞着的一片片雪花，说："下雪了。"

"是的，你来得很巧，这是今年冬天的第一场雪。对茶园来说，是补充墒情的好事。"

我转向方国强问道："有机茶种植是比较困难的，你怎么坚持下来的呢？"

"当时，大山里的不少茶农灭虫靠农药，丰产靠化肥。大量的农药、化肥残留，不仅影响茶叶质量安全，也成为新安江主要污染源之一。刚开始，由于有机农药价格较高，有机肥的肥效比较慢，茶叶产量比较低，许多茶农对发展有机茶犹豫不决。"方国强说。

"为了消除大家的疑虑，公司以每斤高于市场价两毛钱的价格收购新鲜茶叶，贴本让利保障茶农利益。2004年，方总领头创办了新安源茶叶农民专业合作社，连年来为加入合作社的茶农发放有机茶返利'生态红包'，仅此一项资金累计达 1000 多万元。2012 年，首开全国先河的新安江流域跨省生态补偿机制试点启动，公司在方总的带领下先后在新安江源头产茶区建立 16 个服务中心，免费提供有机茶种植技术，为茶农配送有机肥和生物农药，引导茶农开展堆肥制作试点，变废为宝，降低种茶成本。"新安源公司的副总黄易胜补充道。

甘教授说："新安源有机茶四处寻宝，除了与我们当地院校进行合作之外，方总遍访国内高校、知名茶企，研发生产高端有机茶新品种，找准发展'快车道'。公司与中国科学技术大学建立产学研合作，中国科学技术大学'研究生实践基地'落户新安源公司，中国科学技术大学公共事务学院宋伟教授担任公司首席技术顾问。科大研发团队与新安源公司一起着手冬茶及其衍生产品的研发和试制，首创了'冬茶'概念及其衍生产品开发生产。其中，2022 年初推出的冬茶米酒是继冬茶含片、冬茶软糖、冬茶啤酒、冬茶伏特加之后又一款冬茶创新产品。冬茶米酒的研发深度体现了科技创新和茶产业发展的有机结合，显著提升了徽茶创新产品丰富度，有效提高了徽茶综合利用价值。"

山路越来越难走了，融雪后的路面非常湿滑，轮胎摩擦路面的"吱吱"声尤显刺耳。

山林渐披银装，漫山一片淡绿与洁白的大千世界让人如入仙境。

我一边享受这洁白世界带来的淡雅的撞击，一边在沉思新安源公司开创之初的艰难：从一个有机绿色梦出发，在从事有机茶开发和带领山区茶农共同致富的艰苦历程中，方国强认为所有的付出都是值得的。

"你看，这是进入右龙村入口处的山门。"方国强指着一处类似牌坊的隘口说。

"有机茶场达到万亩以上规模的时候，这里就是进山的分界线，我们在这里封山，禁止任何化学品进入有机茶种植区。"方国强满怀信心地对我说。

"只有这样才能确保有机茶不受化学品的污染。"甘教授说。

村口有一座石砌的小庙。

"这里的村民还拜神吗？"我指着小庙问道。

"这不是通常所说的土地神庙，这座石砌的房子是专门为旁边的古香榧树敬香用的。"方国强解释说。

"古香榧树？"我回头望了望举着巨大树冠的古树。

"村中老人说，有一年夏天突发山洪，凶猛的洪水冲走了村中的一个小孩。在这性命攸关的时刻，是这棵老树用自己粗大的枝干，将小孩拦住，小孩因此得救。从此，村民们就在这棵树下盖起了这座石房，自发地祭拜这棵老香榧树。"方国强说。

我们穿行在右龙村，村内古道沿河建有石板护栏，居民建筑多为徽派建筑。

村里保有一段建于明代的石板水街，沿河护栏是用整块青石板连接而成，历经千百年的风风雨雨，水街已是斑驳陆离，沧桑满目，可那些石板依然挺立在河边，保护着村民的往来安全。这些石板是"徽州大路"通衢的见证者，也是右龙村岁月记录的无字史卷。

"新安源"千年古树林呈现在我们面前。一块巨石雕刻映入眼帘：

新安源古林公园记

三江源头，六股尖下，新安源村，千年古园冠华东。占地百余亩，古树近千株，名贵树种逾二十，徽之拔头等；国保一级百余株，皖之十分之一；五十六株红豆杉，鹤龄过五百；姊妹枫香树，相守廿甲子。徽之园林奇观，休闲养生绝处。饮水思源，宁静致远。是以记之。

辛卯年六月立

"古树林的古树都在千年以上，这株枫香树 1200 年了。"方国强指着一株巨大的古树说。

雪没有停下来的迹象，千年古树孤傲地耸立在群山围抱的山谷中。

树枝在风中摇曳，几只雀鸟在枝头啼鸣，清脆的声音在山谷传响，我在这啼鸣中感受到一种无形的力扑面而来，感受到千年古树林空灵的超然。

车辆继续向山地的高处进发，最后停在瀑布前。

"悬崖边的那条路就是通往江西的古徽州大道。"方国强指着高处的山路说。

"那个瀑布就是新安江的源头。无数条山水从这里奔腾而下，在下游汇集一起，涌入新安江水库，这些水流，就成了新安江水电站发电的动力。水电站流出来的水，最终形成了千岛湖的自然风光。"甘教授眼睛望着崇山峻岭外雾气腾腾的远方说。

"真没有想到，一淙川流不息的山泉瀑布，竟是 580 平方千米水面、蓄水量可达 178 亿立方米的千岛湖源头！"我深深地感受到新安源博大的胸襟，心中浮现初次看到千岛湖时的情景：

千岛湖中千岛添，

千岛湖畔千鸟旋。

千鸟翔飞越千帆，

千帆不见捕鱼船。

　　我站在高高的山冈上放眼望去，右龙村凝缩成一幅黑白相间的版画，白色的屋脊、墙垣、山林，黑色的树木、茶园、岩石。

　　大自然的美，美不胜收。

　　下山的时候，我们特意沿着徽州古道走下来。

　　雪一直在下，落地之后又很快融化，徽州古道上没有积雪，倒是石板铺就的路面尤其湿滑，我们在腾挪中沿着古人修葺的石板路走向茶山的深处。

　　转过一道弯，迎面气势恢宏的十八罗汉松屹立在古道边。树边的石牌告诉我们，这些刺向天空的树木，距今已有数百年的历史，错落有致的树枝一层层排列重叠，为往来于古道的商客遮风避雨。

　　一只野兔突然在前方不远处跳跃着隐于茶树丛中，一行小巧的脚印清晰地显现在薄薄的浅雪上。

"这些都是我们种植的有机茶。"方国强指着满山遍野的茶树说。

"有机茶有多少亩？"我问。

黄易胜回答说："有机茶树有 1200 亩，有机油茶树 1200 亩。"

"村头村尾是两大块面积千亩以上的有机茶园，已连续 23 年荣获欧盟有机认证。这里的茶叶可以直接出口欧盟。新安源公司旗下的新安源牌有机绿茶为安徽省名牌产品，公司目前主要有机茶产品有有机银毫、有机香毫、有机高绿、黄山毛峰、珍眉等，畅销国内大中城市及欧盟地区，有机银毫、黄山毛峰在国内外评比中屡获金奖。新安源牌有机茶在 2005 年被农业部推荐为 2008 年北京奥运会用茶，同时也是 2010 年上海世博会安徽省代表团唯一指定用茶。"甘教授说。

"右龙'晴日早晚遍地雾，雨天蒙蒙满山云'，非常适合栽种茶叶，右龙种茶的历史超过 1200 年。保护这一方好山好水，不仅让新安江源头天更蓝、水更清，也让深山里的有机茶香飘四方。有机茶不仅成了旅游观光的好去处，也成了群众脱贫致富的'摇钱树'。"方国强说。

新安江源头种植有机茶 20 多年来，茶园累计减少化肥、农药施用量 4000 多吨，亩均效益由最初的 500 多元，提高到现在的 5000 多元。

进入 21 世纪以来，西方各国对中国茶叶进口都采取严格的卫生标准，即所谓的"绿色壁垒"。

"有机绿茶是中国茶叶进入国际市场的出路之一。"

方国强以"有机银毫"制作过程为例解释道，有机银毫茶采摘清明前后的一芽一鲜叶，要求做到大小、老嫩、长短均一致，更有每 500 克芽头在 50000 个以上的产品指标。其成品必须严格经过手工拣剔、杀青、揉捻、炒制理条、烘焙干燥等工序精制而成。

产品质量是茶叶走向国际市场的硬功夫。德国 KK 公司是欧洲顶级高端中国有机绿茶经营商，占欧洲市场份额的 50% 以上，他们经过严格的实地考察和评估，选择新安源有机茶基地作为有机茶品主产地。

如今，新安源公司拥有全国最大的有机茶生产基地，其生产的有机茶 80% 用于出口，远销全球近 70 个国家和地区，成为我国有机绿茶在欧盟茶叶市场上最大的供货商。

"龙头企业＋合作社＋基地"的运作模式带动了 11 万户茶农增收。方国强认为，茶叶不仅是商品率较高、知名度较大的富民产业之一，也是促进各国人民友好交往的文化使者。

"有机茶种植需要有机肥，这么大面积的茶树，有机肥的用量可不少啊。按一亩茶园一方肥计算，最少也有 3000 吨。从村子里运到山上，可不是一件简单的事。"我望着山上山下满满的茶树说。

方国强望着茶山说："开始非常难，茶农不愿意接受有机种植，嫌麻烦。说实在的，固态有机肥确实不好用，一袋一袋的肥料靠人工搬运，劳动强度大，还要一棵一棵地施肥，费工费时，我们想将山上的残枝败叶和养殖废弃物掺和在一起发酵，做成液体肥，茶农用起来就方便了。"

方国强在实践中总结出来的经验，让我深有体会地说："液体有机肥是个方向，但是，需要掌握好肥料制作的比例和发酵温度。液体有机肥是为茶树提供营养素的有效手段，以滴灌的形式为茶树施肥，铺设的滴灌带可以沿着茶山来建，无死角地提供肥源，省时省力。"

方国强用期待的目光看着我说："我早就盼着这一天，苦于我们没有成熟的技术。"

"我们已经开发出了液体有机肥，茶农用不了多久就可以用到营养丰富的液体有机肥了。"我满怀信心地回答方国强。

"液体有机肥使用起来是方便一些，但据说工程量比较大，我们山区道路狭窄，施工会比较麻烦。你说的液体有机肥不知道是否适合在我们茶山使用？"方国强有些担忧地问道。

我指着茶树高处的平台说："不需要太大的工程，只需完成三件事，一是铺设茶园中的滴管，二是在平台高处建立可以容纳2个立方容水量的储罐，三是在山脚下建立一套液体有机肥的控制系统，液体肥料混合在容器中，用空气压力将混合好的液体肥料输送到山上的储罐里，再利用虹吸原理，分布到灌溉系统的管道里。"

方国强看了看山体，若有所思地说："这么多的茶树，如果能够智能化管理就好了。"

我笑着对方国强说："这个不难。在进入灌溉区内的管道连接处或储罐出水口，安装电磁阀，再在手机上设置APP软件，就可以远程遥控管理，不需要过多的人为监管。"

方国强眼睛里透出充满希望的亮光。

一棵巨大的树出现在古道的左侧，伸展的长臂可以遮盖数百平方米的地面。

"这是红豆杉。"甘教授说。

"如此巨大的红豆杉？"我有点诧异地问道。

"少说也有 600 年了。"方国强比画一下红豆杉的树冠说道。

红豆杉是红豆杉属植物的通称，属于浅根植物，主根不明显、侧根发达，是世界上公认濒临灭绝的天然珍稀抗癌植物，是经过了第四纪冰川遗留下来的古老树种，在地球上已有 250 万年的历史，被称为植物王国里的"活化石"。由于在自然条件下红豆杉生长速度缓慢，再生能力差，所以很长时间以来，世界范围内还没有形成大规模的红豆杉原林基地。

红豆杉浑身都是宝。红红的、酸酸的浆果酸甜可口；叶子可以生吃，有利于消炎和排毒，有用红豆杉叶子养鸡做自然防疫的成功案例；树皮和树根、树枝都可以作为制作抗癌药物的原材料。

红豆杉除了果实之外都含有微量毒素。恺撒《高卢战记》中，利用红豆杉自杀成了避免战败受辱的方法。卡图瓦克斯是一个部族的国王，他年老体衰，没力量面对战争或逃亡，于是用红豆杉树的汁液自我了断。因此，红豆杉除果实外，需要谨慎食用。

红豆杉能吸入二氧化碳，呼出氧气，并且吸收一氧化碳、尼古丁、甲醛、苯、二甲苯等有害物质，净化空气，非常适合作为观赏植物摆放在室内。

红豆杉被国家列为一级珍稀濒危保护植物。红豆杉代表高雅、高傲。红豆杉能生长到 15 米高，高耸入云，显得孤立而典雅。红豆杉自古以来代表思念、相思之情。一两点红隐于绿叶中，像娇羞的女子，或是三五簇相拥，像是相思的少女在表达火热的内心。

1963 年美国化学家瓦尼和沃尔首次从一种生长在美国西部大森林中的太平洋杉树皮和木材中分离出了紫杉醇的粗提物。在筛选实验中，发现紫杉醇粗提物对离体培养的小鼠肿瘤细胞有很高活性，于是开始分离这种活性成分。由于该活性成分在植物中含量极低，直到 1971 年，他们才同杜克大学的化学教授姆克法尔合作，通过 X 射线分析确定了该活性成分的化学结构——四环二萜化合物，并把它命名为紫杉醇。

红豆杉的药用价值主要是提取物——次生代谢衍生物紫杉醇被公认为抗癌物质，誉为"治疗癌症的最后一道防线"。紫杉醇对肿瘤具有独特的抵抗机制，同时又凸显抑制肿瘤的作用。紫杉醇在治疗痛经、高血压、高血糖、白血病、肿瘤、糖尿病及心脑血管病方面效果显著。

国内加工红豆杉的企业原料依赖欧洲进口，由于红豆杉在欧洲受到资源限制，进口量远远不能满足生产需要，呈现原料资源极度匮乏的现象。因此，国内原始森林中的红豆杉成为盗伐者攻击的目标，云南、四川、江西等地千年古树红豆杉被盗伐的事件屡屡发生。

方国强听了我对红豆杉的描述后说："红豆杉被砍伐的主要原因还是紫杉醇原材料的稀缺性。有买卖，就有伤害。盗伐人被利益驱使，就会铤而走险。"

我向落在后面的甘教授挥了挥手，甘教授赶到我面前。

"甘教授，茶树与红豆杉之间距离这么近，红豆杉所含有的紫杉醇成分是否可以通过土壤传递给茶树？如果可能那么茶叶中是否就可以留存紫杉醇的痕迹？"我问道。

甘教授若有所思地说："这是一个有意义的想法，茶叶中如果含有紫杉醇，那就可以大大减少红豆杉被盗伐的现象了。紫杉醇从茶叶里提取比从红豆杉树木中提取要容易得多。"

　　我理了下思路说："据我所知，英国莱姆赫斯特公司的研究显示，红豆杉会将带药性的物质分泌到土壤中，这样就可以不用伤害树木而取得紫杉醇的有效成分。我们现在需要关注红豆杉与茶树之间生物转换的逻辑关系是否成立。我建议采用氢同位素示踪法，以便及时辨别红豆杉与茶树之间物质传递的信息，更准确地确定检索信息存在的位点，再通过质谱和核磁共振的检测，保持目标分子的物理化学性质，这将有助于区分和甄别红豆杉药性物质的转移途径，对日后从茶叶中分离和提取紫杉醇的意义非同小可。我们现在需要做的就是设计茶树与红豆杉根际生物交替的媒介体。"

　　"如果红豆杉里紫杉醇的成分能够进入茶树，茶叶的另一番价值就出来了。"方国强兴奋地说。

　　右龙村迎来了第一场雪，也迎来了有机茶的一次新的飞跃，尽管这路程还比较漫长，但我相信理想与实际相结合，智慧与力量形成共力，是助飞右龙新安源有机茶前进的动力。

　　茶树是否可以传递红豆杉的药性？希望带着我们走向明天。

我们坚信：只有相信，才能看到。

甘教授取了红豆杉和茶树下的土壤和叶子样品，在天色渐暗的时候离开右龙村。

右龙村在雪的照映下，显得更加古朴。千年古树林翘首挥送我们渐渐远去的身影。

右龙的第一场雪

右龙的第一场雪

把千年古村装点得如此妖冶

徽派屋脊上素描的韵律

展开一幅美妙的山水画卷

右龙的第一场雪

千年古树林层林尽染

枝头啄翅啼鸣的燕雀

唤醒你记忆的久远

右龙的第一场雪

千年古道铺满厚厚的毛毡

蜿蜒曲折的每一块石板

承载多少茶商的艰辛苦难

右龙的第一场雪

飘染着顺流而下的千年瀑布

融入新安江水的涓涓溪流

汇集成千岛湖无垠的浩瀚

右龙的第一场雪

你为香榧树披上了巨冠

也滋润了高耸挺拔的十八罗汉

更预示着来年的丰产

右龙的第一场雪

漫了山野

漫了平川

漫了茶园

比华利山脉的雀鸟

视觉图

磁力图

一只自由飞翔在比华利山脉的小鸟，绿色与黑色、白色与橘红相间的羽毛，暗红色的嘴巴，头顶上还有一簇火焰般的冠羽，使它显得既高傲又潇洒，张扬的个性格外与众不同。它非常喜欢自己抑扬顿挫的歌喉，堪比人间最美的歌唱家。

每天，它都会站立在高高的枝头鸣唱，带给人愉悦的心情。

那天，我在盖蒂中心第一次听到博迪穿越时空的独唱，如此地美妙、委婉，如此地扣人心弦，令我精神为之振奋。

早春的四月，空气中还弥散着一丝丝的寒意，但洛杉矶近郊的圣莫尼卡山上的盖蒂中心，已经迎来了第一批欢快的游客。

　　盖蒂中心是美国最大的私人收藏博物馆。这里不但收藏有大量的艺术精品，还有宏伟的建筑和美丽的花园，是洛杉矶继环球影城和迪士尼乐园之后的又一重要标志性人文景点，也是艺术爱好者的向往之地。梵高的名画《鸢尾花》成为艺术中心的镇馆之宝。

　　盖蒂中心花园的设计灵感源于典型的欧洲园艺传统，呈现出规整的几何美。草坪上，千姿百态的花卉争奇斗艳，美轮美奂。

　　不远的红松枝头上，跳跃着一只色彩斑斓的鸟儿，它一边鸣唱，一边用尖尖的小嘴梳理着它的羽毛。这时，我才看清楚它优美的身姿。鸟儿看到我在关注它，就把脑袋转向我，不停地欢快地叫着，好像我是它久违的老友。我用轻松的口哨与这只鸟进行对话。

　　第二天早晨，阳光穿过窗帘，柔和的光暖暖地照在我的脸上。

　　睡意犹在的我，懒洋洋地伸展了一下腰身，一串清脆的鸟鸣声使我跃身而起。

　　我推开窗棂，一眼就看到盖蒂中心的那只鸟儿欢快地站立在窗前柿树枝上。当看到我时，它展开了双翅，拍打着，不停地鸣叫着。

　　我起身走出门外，依旧用口哨与它沟通，它的身影在树枝间闪动着。

　　我转回身，从厨房拿了一些谷物，放在离柿树不远的地方。它扭着头看了看谷物，又看了看我，傲慢地把头转向一边，吱吱地小声啼鸣。我有些纳闷，又有些不解，突然灵光一闪，我立即找来了一只精美的小瓷碗，重新把谷物放在碗里，另外又拿来一只盏碟，里面装着一捧清水。

　　它开始谨慎地旋飞到食物前，小心地品尝碗中的美食和水。自那天起，我就给它起了一个响亮的名字——博迪（Birdy），从此，我与博迪之间开始了只有我们可以理解的友好交谈。当我寂寞的时候，打一声口哨，它就能够从远处飞过来，站在树枝上鸣叫。我思考问题不言不语时，它会立在枝头紧紧地盯着我，安安静静的，一声不响，直到我开始尊重它的存在，与它说话，它又会兴高采烈地又唱又跳。

　　盖蒂中心距离我的住处有数十千米之遥，它是如何从盖蒂中心飞到我这里的呢？难道博迪有特别的嗅觉系统可以在空中分辨我的气息？还是它与我的磁场频率产生了共振？

　　围绕这个问题，我拜访了南加州大学的生态环境科学家詹姆斯教授。

　　听我说明了来意之后，詹姆斯就直奔话题："鸟类利用右眼查看地球磁场，并依此导航辨别方向。如果用眼罩把小鸟的右眼罩住，它们就无法有效导航，而它们的左眼被眼罩罩住时，它们仍能非常完美地导航。鸟类把右眼看到的磁场信息传递给左脑。磁力图会产生明、暗阴影，鸟类利用它们的正常视觉就能看到。当鸟儿转动脑袋时，阴影会发生变化，鸟儿把阴影的图案当做视觉指南针，用来判断方向。我认为，鸟儿视网膜上的分子在遇到蓝光时，会变成活跃状态，每个分子拥有一个不成对电子，形成一个'自由基对'。磁场的出现对这些自由基对分子重新恢复到不活跃状态所需的时间产生影响。视觉图和磁力图的光线和阴影都会发生变化，不过视觉图一般有更鲜明的线条和边缘，而磁力图从明到暗是渐变的。当这种磁感失真时，明暗图变得毫无意义，因为鸟类此时无法分辨哪些是从视觉图获得的信息，哪些是从磁力图获得的。鸟类还要根据阳光的自然偏振作用来矫正来自地球磁场的方向感。"

　　"鸟类辨别事物需要满足这些最基本的要求，鸟儿与你的交流，在它脑际的磁力图留下了信息源，它是可以根据磁力图来分辨你所在的位置的。"詹姆斯教授补充说。

詹姆斯教授的一番话，使我想起尼古拉·特斯拉在《我的自传》一书中写到他与鸽子心心相印的情景："这么多年来，我一直喂养鸽子，几千只鸽子。但是有那么一只美丽的鸽子，它全身纯白，只有翅膀尖上稍带浅灰，像天堂的颜色。这只鸽子与众不同。不论它跑到什么地方，我都能认出它。每天早上它都飞到我的窗口。不管我在哪里，这只鸽子总会找到我。如果我需要它，我只要心中一想，唤它一声，它立刻就飞到我的跟前。它理解我，我也理解它。"由此，我明白了博迪与我之间的相互沟通不需要太多的探知，只需要心心相印。

再次与博迪见面是一年以后的事了。那是一个初夏的早上，我又一次来到了洛杉矶盖蒂中心。图书馆旁边的树丫上，竟然跳跃着博迪的身影，我一眼看到它还是那样的神采奕奕，歌舞翩跹。博迪看到我之后，还是像以往一样热情奔放，啼鸣的声音更加清脆悦耳，激情依然。

与博迪一番对话之后，我驱车回到住处。傍晚时分，

　　博迪飞了回来，像往常一样在窗前的树枝上跳跃，在枝头歌唱，那欢快的声音穿越时空，那样有灵性，那样高昂激奋，那样美不可言，它跳着、唱着，似乎在诉说与我离别之后的思念。

　　夜已经很深了，博迪依旧在树枝上欢悦，我走近它高歌的树下，与它交谈，想让它也悄悄地睡去。它异常地兴奋，依然"我行我素"，夜空中，脆响的声音穿透夜空和星际，撒向四方。

　　博迪，我赞叹这生灵的伟大，更赞赏它对我的不离不弃，也深深为它的执着而心怀愉悦。

　　我不禁挥毫而就：

又见 Birdy 而感

燕雀出深山，
啼鸣撼凄厉。
牟然亲如斯，
璇曳久不离。

　　浩瀚无垠的苍穹，唯独博迪的凄鸣荡于天地之间；在晚霞的映衬下，博迪灿烂的衣装辉映着它的纯美；夜幕下的光泽，闪亮的树叶上饱含博迪鸣唱的音符，我在这音符中陶醉，在这音符中冥想，在这音符中徜徉……

　　夜已深了，我一直为博迪的啼鸣而着迷，浮想联翩，无法入眠。

　　就这样，博迪天天如此，日日如此，在枝头上，在窗前，一如既往地唱着歌，跳着舞，扇动着它靓丽的翅膀。

鲁峰山的传说

优质丝绸的秘密

槲树

接到顾彬博士的电话，我匆匆忙忙赶到郑州东站，与他会合之后，车子沿着郑尧高速直奔鲁山而来。

鲁山县位于河南省中西部，伏牛山东麓，北依洛阳，南临南阳，东接平顶山。唐朝县名鲁山，因县东北十八里有鲁山。据《读史方舆纪要》："山高耸，回生群山，为一邑巨镇，县以此名。"

微雨的细丝飘落在车窗上，雨刷在慢条斯理地来回摇动着，显出一副懒洋洋的机械态。

天色将晚，我们到达了位于鲁山西南山区的佛泉寺。晚上我们就住在佛泉寺的温泉酒店，接待我们的王浩先生告诉我们，可用上汤（佛泉寺所在地地名）的温泉洗涤一天的疲劳。

失传的鲁山绸重新出现在鲁山大地上，纯生态养蚕和传统手工织就丝绸的前景，给了我们极大的诱惑力。我们前来了解鲁山绸的发展现状，探讨如何将鲁山绸纳入鲁山乡村振兴的规划中。

鲁山仙女织工贸有限公司的周斌董事长早早迎在办公楼的阶梯上。

周斌中等身材，魁梧健壮，他的脸上充满憨厚的笑容。

周斌是一位性情中人，落座之后他立即热情洋溢地介绍鲁山绸的文化特色："据史料记载，鲁山柞蚕丝绸在周代已为高贵衣料。东汉光武帝刘秀建都洛阳后，官府即把柞蚕种发给百姓，积极倡导村民发展柞蚕生产。到了唐代，鲁山绸已为宫中珍品，县令元德秀常常以鲁山绸进贡。唐开元二十四年春，唐玄宗命三百里内县令、刺史入京献艺，多少地方官兴师动众，唯独元德秀仅携几个民间伶人身着鲁山丝绸，轻装简从，抚琴献演。主簿刘华劝他：'东都献演，非同小可，山野俚曲难登大雅之堂，身着山绸，恐污圣上耳目。'岂料富有古韵的丝绸反而受到唐玄宗与杨贵妃的赞赏。杨贵妃着鲁山丝绸起舞，舞步轻盈，玄宗如醉如痴。"

顾彬惊叹道："鲁山绸竟有这样深的历史传承。"

　　"我读过美国威斯康星大学的农业物理学教授、曾任美国农业部土壤局局长的富兰克林·金写的《四千年农夫》这本书。书中有一段是这么说的：丝绸文化是一种伟大的文化，甚至从某种程度上来说，丝绸产业是东方最为伟大的一项产业。丝绸极其轻薄，原料是经过驯化的蚕吐的丝。这项技术大约出现在公元前 2700 多年的中国，传承了 4000 多年。保守估计，中国生丝的年产量大约是 1.2 亿磅（约合 54000 吨），产值约 7 亿美元，相当于美国每年小麦的总产值。然而，用于丝绸生产的土地面积却不足小麦的 1/8。"我介绍中国丝绸对世界的影响。

　　"是的，鲁山绸的历史久远。鲁山自夏代即有植柞养蚕的历史，鲁山绸被誉为'仙女织'，1914 年曾获在美国旧金山举办的万国博览会金奖。英国女王伊丽莎白每逢加冕或举行盛大宴会，就总爱穿鲁山绸制成的礼服。

　　"时至今天，养蚕织丝仍是鲁山山区民众主要的经济收入之一，鲁山县设立蚕业局，实施蚕业管理之职。传说鲁山的织绸技术就是织女下凡后传授的，关于鲁山绸，小说《李自成》与《老残游记》中均有记述。"周斌说道。

　　这时，县人大常委会的领导李根主任来到会客室，他是周董特意邀请来的，因为李主任还兼任县丝绸家纺办公室的主任，对整个鲁山绸文化了如指掌。

"为何鲁山绸被称为'仙女织'呢？"顾博士问道。

李主任说："这里面有一个美丽的传说，你们都知道牛郎织女的故事吧？"

在座的人都点了点头：这是千古流传的凄美故事。

"牛郎织女文化应该是萌生于原始社会氏族饲养业和手工纺织业出现的末期，发展于以家庭为生产单位的农耕文明形成的春秋战国时期，完备于以自耕农为主体的农业文明成熟的秦汉时期，经历了从人间到天上，又从天上回到人间的演化过程。夏代有了历法，商代认识了许多星座，西周时，人间的牵牛郎和纺织女到了天上，有了牵牛织女二宿之名。

"大家都知道，中原文化是中华文明的重要发祥地，神话故事大都起源于中原。牛郎织女七夕民俗的故事肯定来自中华大地上农耕文明最先发展、最早发达起来的区域。而农耕文明最早形成于气候、地理条件十分优越的中原嵩山周围地区。嵩山南面的汝水、滍水平原，都是先民最早开发农耕的区域，也是春秋战国、秦汉魏晋农业文明最发达的所在地。墨子故里鲁山县就位于滍水中游北侧。大量的文化遗址、出土文物和文献记载所包含的信息表明，这里农耕文明异常发达。"李主任滔滔不绝地讲述鲁山绸的历史渊源。

所有的人都静静地听李主任讲鲁山绸的故事。

"鲁山几部志书，包括最早的明嘉靖《鲁山县志》及市、县、乡的地名志，对于牛郎织女的地名传说故事均有记载。明嘉靖的县志为鲁山现存最早的一部志书，志中记载了'牛郎洞'。志载：牛郎洞，在瑞云观下半山，面南，内立牛郎神。九女潭，在县东北十八里鲁山之下，潭上有九女、龙王庙。1994年版鲁山县志明确记述道：历史上有名的丝绸，质地优良，借鲁山坡牛郎织女传说称鲁山绸为'仙女织'。《鲁山县地名志》载：古时，该村有一姓孙名守义的小伙子，忠厚朴实，常在鲁山坡上放牛，俗名牛郎。一天，玉皇的九个女儿在鲁山坡根潭里洗澡，孙守义偷拿了九妹的衣裳，九妹遂与牛郎孙守义成亲。据说，鲁峰山山腰处，有一洞穴，叫牛郎洞。在传说中，牛郎在此处居住，家喻户晓的牛郎织女的故事就发源于此。也许是天意，世界最大的南水北调大渡槽就从鲁峰山南山腰牛郎洞前环绕而过，犹如天河，与鲁峰山相映生辉，为牛郎织女文化再添新景。

　　"鲁山人喜种'九姑娘花'。鲁峰山周围每到春天就是'九姑娘花'的海洋，芳香四溢，飞飘九天之外。"李主任脸上充满了自豪的笑容。

　　"九姑娘花？"我问道。

　　"九姑娘花就是油菜花，传为织女从天上带下来让人间度春荒的种子，鲁峰山周围的百姓喜种九姑娘花，亦是因了织女的缘故。

　　"传说牛郎织女七夕鹊桥相会，人们躲在葡萄架下可以偷听到他们的喁喁私语，所以鲁山民俗多在家庭院落里种植葡萄。"李主任笑了笑说。

　　"鲁山的牛郎织女文化，传承了几千年，时至今天，仍保留着其原生态的面貌。鲁峰山不但有大量的遗址遗存，而且有独特而又纯朴的民风民俗。

　　"2009 年 2 月 18 日，中国民间文艺家协会经过认真的考察论证，命名鲁山县为'中国牛郎织女文化之乡'。"周斌接过李主任的话说道。

　　在周斌的建议下，我们移步来到仙女织的生产车间。偌大的车间里，分两排摆放着几十部木制织机，几位年近花甲的老人在织机上熟练地操作着。靠近后墙处，是一排手摇纺线机，几位老人边纺线，边把纺好的丝线缠绕在一个圆形的木架上。各种各样纺丝的工具在不停地摇动着，整个车间里充满了织布机的撞击声，如同在播放一曲民族交响乐。

"我看了一些报道，知道你们在扶贫方面做了许多的工作。精准扶贫是比较难的，您是怎么做到的呢？"顾博士问道。

"鲁山绸全手工织法需经过 18 道工艺流程才能产出优质丝绸，每道工序都需要人工精织细做完成，人工需求量大，就业岗位多，是贴近群众的民生民计工程，也是精准扶贫项目。

"断代近 40 年后，民间工匠们以挖掘、恢复、传承鲁山绸织作技艺为己任，通过遍访民间老艺人，收购民间传统织机，经无数次实验、改进，如今已恢复量产。我们公司现有养蚕、缫丝、刷经、织绸、炼染等技术人员和非物质文化遗产传承人数十人，以全手工缫丝、织、炼、染，最后制成衣服和床上用品。

"我们公司已与马楼乡沙渚汪村、绰楼村，瓦屋镇上寺村、大潺寺村等村签订了扶贫车间入驻协议，每个扶贫车间投入全手工织机 20 台（套），共计 100 台（套）。优先安排贫困户，解决约 600 名群众的就业问题，其中，贫困户 69 户，大大增加了就业群众经济收入，加快了当地贫困群众的脱贫步伐。同时，我们规划以鲁山县柞蚕养殖原种场为辐射点，渐进式发展瓦屋镇、土门办事处、背孜乡、仓头乡、观音寺乡等实有的柞树种植面积，努力扩大到 15 万亩。"周斌介绍说。

"如此高贵的仙女织，在原料上是否与其他地方的丝绸有所不同？"我拿起一段绢丝问。

"是的，鲁山丝绸的丝线中的蛋白质特别高，有千米不断的说法。"李主任回答说。

这句话引起了我的兴趣，就提议大家一起到栽有槲树的鲁峰山实地看看。

鲁峰山在平原处突然崛起，这是海底山脉因地质皱褶挤压所形成的地貌现象。山峰的顶部白云缭绕，如世外桃源。山下是起伏的丘陵，一路望去，满山满谷都是绿油油的槲树林，在风中摇曳。蝉鸣声此起彼伏，遥相呼应。

"蚕农把蚕放养在树上，结了蚕茧再收回来缫丝。仙女织的原料来源就靠这些蚕农的辛勤劳动。"周斌告诉我们。

我转回头对李主任说："鲁山丝绸之所以优质，与当地的土壤、气候、水质不无关联。"

李主任说："鲁峰山土壤中的铁、硅、磷、锌等微量元素的含量都比较高，以前曾经做过这方面的调研。有专家告诉我们，这些微量元素会提升树叶中矿物质的丰度，蚕吸收进的矿物质原料又继续被自身的化学反应进一步演绎，加工成了丝氨酸、甘氨酸、酪氨酸等氨基酸。然后，这些氨基酸通过蚕体内独有的代谢系统生成了丝素、丝胶等蛋白质。"

"满山都是槲树？"我问道。

"是的。柞蚕就是靠吃槲树的叶子长大的。"周斌望着鲁峰山的方向，若有所思地说。

槲树又叫橡树、柞栎、大叶波罗等，为多年生乔木，树皮暗灰褐色，深纵裂，木不成材，易弯曲，且生长缓慢。此树主产北方地区，以河南、河北、山东、云南、山西等省山地的向阳坡多见。

槲树的叶子比起一般的树叶来要大得多，它就像一把芭蕉扇，五片一层。槲叶还带有一丝清香的味道，在河南西部的农村，端午节用它包粽子，当地人称"槲包"，是流传数百年的习俗。

槲树除了叶子可用之外，它的树皮和种子的价值也很高，比如种子中含淀粉和单宁，可酿酒或做饲料；树皮、壳斗可提取栲胶；树皮、种子入药能作收敛剂。

槲叶的药用价值也很高，早在古代就是一味民间治痔疮的中草药。药书《唐本草》记载：槲叶，味甘苦，平，无毒，主痔、止血，血痢，止渴。李时珍的《本草纲目》则说："槲叶，气味甘、苦、平，无毒，具有止血、止渴、利小便的功效。"

槲树叶含有丰富的山柰酚、类黄酮、绿原酸、鞣质等多酚类生物活性物质，这些物质成分能够治疗吐血、衄血、便血、血痢、小便淋病等。

在日本，槲叶被称作柏叶，象征着吉祥与长寿，享誉国际的日本食品"和果子"，就是专门使用槲叶包制的。

"记得日本、韩国在 20 世纪 90 年代开始从河南进口槲叶养鹿，南召县的村民把精心挑选和腌制好的槲叶通过外贸订单出口到日韩等国。据说槲叶可以提升鹿茸的优质品率。'槲叶风微鹿养茸'是黄庭坚在河南叶县做县尉时写的诗句，也是对北宋时期用槲叶养鹿的真实写照。"我想到早期曾经风靡一时的槲叶出口日韩的繁荣景象，那时候河南省境内产槲叶的乡镇，到处都是收购槲叶和加工槲叶的生意，日韩的客商住在客栈里等槲叶，一住就是几个月。当时的热度堪比现在最繁华的集市。

周斌说："是的，南阳的南召、洛阳的嵩县等地用槲叶养鹿已经很有规模了。"

李主任指着鲁峰山说："据说牛郎洞就在鲁峰山的半山腰，牛郎和织女的民间故事就发生在那里。"

周斌笑着问我："牛郎织女真的每年'七夕'能相会吗？"

我望了望天空说："夏天的夜空可以看到头顶上方有一颗明亮的星星，旁边还有四颗小星，好像织布的梭子，那就是织女星。隔着银河，在东南方有一颗亮星，两旁各有一颗小星，那就是牛郎星，与织女星隔河相望。

"神话毕竟是神话，牛郎与织女要在一夜之间相会是不可能的。牛郎星和织女星都是离地球非常遥远的星球，它们比太阳还要大。在天文学上，恒星之间的距离大多以'光年'为单位来计算。光年就是每秒钟走 30 万千米的太阳光在 1 年里所走的距离。牛郎星离我们约 16 光年，织女星离我们大概 27 光年，所以看上去只是小小的光点。

"牛郎星与织女星之间的距离也很远，有 16 光年左右，与牛郎星同地球的距离差不多。即使牛郎跑得快，每天能跑100千米，也要跑43亿年时间才能与织女相会。即使改成每秒飞行11千米的宇宙飞船，也要45万年才能飞到织女身边。不要说一夜之间相会，即使打个电话，信号也要16年才能传到对方那里！"我说。

我打开手机备忘录，查找出写在七夕夜的小诗：

七夕夜的联想

七夕夜

星光闪烁

银河的对面

可曾识得牛郎

金星的隔壁

浩瀚宇宙的沉迷

游曳的火星天王星

哪一处不是群星的光芒

月亮之端

织女　玉兔　嫦娥

还有那困在皓月之中的吴刚

仍旧在空旷的星际间徜徉

深沉中

有谁记得苍茫大地

有谁修葺万里长城

有谁护卫运河久长

几颗星辰

划破天际

抖落繁花几朵

燃尽最后一丝微光

星际间

谁来传递信息

谁来驾驭飞船

谁来操控银河系的洪荒

七夕夜

我面对沉默的天空

一份期盼在心中升腾

天河代为探视织女牛郎

"这样啊，那'七夕'织女与牛郎相会完全是一个故事。"周斌说。

"不过，如果用量子纠缠或许可以解释这个传说。"顾博士说道。

"量子纠缠描述了两个粒子即使相距遥远，一个粒子的行为也将会影响另一个的状态。当其中一颗被操作而状态发生变化，另一颗也会即刻发生相应的状态变化。也就是说，当牛郎在牛郎星想念织女了，这个念头出现在牛郎脑海里的同时，织女就会收到这个信息，做出思念牛郎的动念，他们就可以互通有无了。现实中，牛郎织女的传说也寄托着人们对爱情的向往。"顾博士说。

告别鲁山，许许多多的镜头一一闪现：鲁峰山质朴的牛郎织女的传说，鲁峰山槲叶养蚕织丝使农民脱贫致富，鲁峰山槲叶走出国门从山林走向世界，都饱蘸了劳动者的辛劳和智慧。

"九姑娘花"开满鲁山大地，四溢的花香漂染豫西的山水林原。

　　傲然屹立的鲁峰山，牛郎织女千古奇绝的传奇故事，寄托着鲁山人世世代代的美好期盼。

　　鲁山仙女织总有一根丝线，连着你的灵感。

特斯拉故乡拾翠

土壤有机质

土壤微生物

固氮作用

抗生素

2018 年 7 月 8 日，应国际尼古拉·特斯拉研讨会的邀请，我前往塞尔维亚和克罗地亚两国参加特斯拉国际学术交流会议暨尼古拉·特斯拉诞辰 162 周年纪念活动。

从法国戴高乐机场飞往贝尔格莱德，飞行了一个多小时，航班降落在塞尔维亚贝尔格莱德国际机场，该机场是塞尔维亚最大的国际机场，并以尼古拉·特斯拉的名字命名。

尼古拉·特斯拉是塞尔维亚和克罗地亚两国的民族英雄，他出生在克罗地亚一个名叫斯米连的小村庄，现在该村庄被开辟为尼古拉·特斯拉故乡博物馆。尼古拉·特斯拉成长在美国，最后回归到现在的塞尔维亚。特斯拉一生发明了交流电、无线电、水力发电、雷达、遥控战舰等近千项发明，为全世界带来了光明，引领了第二次工业革命。

出了机场，一眼就看到维里米尔教授和伊万先生站在一辆灰色的沃尔沃轿车旁。

上车后我们就赶往市区内的酒店。

维里米尔教授是贝尔格莱德艺术大学电影理论教授、科学哲学杂志《特斯利亚纳》创始人兼主编、特斯拉宇宙学研究科学论坛创始人、新特斯拉专利科学研究所和科学研究委员会主席。

伊万先生是维里米尔教授的助理。

晚餐由中塞文化与经济交流协会会长郭晓先生在香格里拉饭店举办。

席间，郭晓问及我除了参加特斯拉的研讨活动之外，是否还有其他的要求。"我想看看这里的农业。"我说。

伊万先生听到我这个请求，高兴地对我说："明天我们去萨格勒布（克罗地亚首都）不走高速公路，一路可以看到巴尔干半岛最优质的黑土地和各式各样的农业种植。"

晨阳带来暖暖的气息，洒在酒店的阳台上格外温和。我一边喝着自带的信阳毛尖茶，一边欣赏着酒店外的风光。

约定出发的时间到了，我走出酒店门口，维里米尔教授等人已经等候在停车场旁边。陪同我前往萨格勒布参加特斯拉纪念活动的还有中塞经济文化交流协会的副会长徐鸣先生。

伊万设计好导航，汽车向克罗地亚进发。

车上多了一位乘客，贝尔格莱德农业大学拿波索博士特意赶来陪同我们一起前往萨格勒布。

伊万递给我一张打印好的纸，上面写着塞尔维亚农业布局与耕地的情况：塞尔维亚土地肥沃，雨水充足，农业土地 500 多万公顷，主要集中在北部的伏伊伏丁那平原和中部地区。农业土地中耕地 330 万公顷，果园 24 万公顷，葡萄园 57 万公顷，草场 62.1 万公顷。

汽车穿行在密林中和乡间柏油路上，各种各样的草木和不知名的花卉布满沿路两侧。

突然，伊万指着车子的前方说："前面就是伏伊伏丁那平原。"

一望无际的大平原，阡陌纵横，农作物以不同的色调尽展风姿，在平坦的大平原上描绘出一幅精美的彩色油画。

"前面有葡萄园。"我指着前方不远处的葡萄园说。

车子在葡萄园门前停了下来，一位瘦高的农夫从果园里走出来，他炯炯有神的眼睛像一口看不见底的深井。

"我是维克多，可以帮到你们吗？"农夫说。

伊万说明了来意，维克多转向我说："你好，欢迎你来到我的果园。"

"我问几个小问题，不会打扰您太久的。"我看着他那双直勾勾的眼睛说。

他点了点头，依旧目不转睛地看着我。

"请问，你种植葡萄一公顷需要多少化肥？"我问。

他摇了摇头："我种植葡萄不用化肥的！"

"请问，你种植葡萄会用多少农药？"我继续问。

"我种植葡萄也不用农药的。"他的眼睛里流露出不解的神色。

"你在种植过程中用什么来防治病虫害？"这是个比较尖锐的问题。

"我只用一些微生物制品。"维克多说。

"用多少呢？"我接着问。

维克多说："一般每公顷 12 公升左右，葡萄灌浆期可能会更多一点，这要看实际需要。"

我们经维克多同意后走进葡萄园。

葡萄园种植当地特有的维拉纳茨葡萄品种，这是酿酒的优良品种，由此品种酿制的特斯拉 369 红酒已经率先进入宁波中东欧博览会。

征得维克多许可后，我弯下腰，拨开葡萄树下表面浮土，用铲子刨开 30 厘米见方的土坑。

土壤的团粒结构稳定，一股土壤特有的幽香直充鼻腔。这是巴尔干半岛的生态土地。

拿波索博士走过来，也闻了一下土壤的味道："是啊，我们这里很多土壤都是非常肥沃的，有机质含量也比较高。"

土壤有机质含量的多少是衡量土壤肥力高低的一个重要指标，它和矿物质紧密地结合在一起。在一般耕作层中有机质含量只占土壤干重的 3.5%，耕作层以下更少，但它的作用却很大，农民常把含有机质较多的土壤称为"油土"。

土壤有机质按其分解程度分为新鲜有机质、半分解有机质和腐殖质。腐殖质是指新鲜有机质经过微生物分解转化所形成的黑色胶体物质，一般占土壤有机质总量的 85% 以上。

　　拿波索博士说："土壤结构中有一个很重要的成分就是土壤矿物质，岩石经过风化作用形成不同大小的矿物颗粒，这些颗粒直接影响土壤的物理、化学性质，是作物养分的重要来源。"

　　天上几朵白云飘过来，给果园撑起一把天然遮阳伞。

　　"维克多刚刚提到他在葡萄种植过程中不用化肥，只用一些微生物肥。但如果土壤中没有足够的有机物，这些微生物是没有办法很好地发挥有效作用的。"我向拿波索博士说道。

　　"我明白你的意思。"拿波索博士拨开手里的土壤说，"土壤中重要的活性生命是微生物，作物的残枝败叶和施入土壤中的有机肥料等，只有经过土壤微生物的作用，才能分解，释放出营养元素，以供作物吸收利用，并形成腐殖质，改善土壤的物理结构和可耕性。我们在农民耕作时，会注意将土壤微生物的代谢物与蓝绿藻混合，以促进土壤中难溶性物质的溶解。磷细菌能分解出磷矿石中的磷，钾细菌能分解出钾矿石中的钾。而蓝绿藻则为细菌和土壤提供水和营养的输送。微生物在多种因素下可以快速地繁育，土壤就会保持应有的活性。"

　　我们告别了葡萄园主维克多。车子继续沿着蜿蜒的公路前行。

我望着车窗外疾驰而过的绿林和原野，看着一簇簇鲜艳夺目的向日葵，还有生长在田野中的农作物，心想：这需要多少的营养元素才能造就如此丰富的人类生命所需的物质啊！

"这里的农业不使用化肥，作物所需要的氮肥如何快速补充呢？"我问拿波索博士。

拿波索博士说："氮气占空气组成的 4/5，但植物不能直接利用，须借助微生物的固氮作用将空气中的氮气转化为植物能吸收的固态氮化物，这就相当于土壤有了自己的氮肥生产车间了。其实，与植物共生的微生物如根瘤菌、菌根菌和真菌等，还能为植物直接提供氮、磷和其他矿质元素的营养，微生物与植物根部营养的密切相关，能够抵抗某些病原微生物的致病作用，减少病虫害的发生。"

"明白，我在中国也做过很多这方面的试验。我了解微生物在土壤中的存在意义。"我说道，"土壤中的微生物有 25 000 种，有 80% 的微生物是中性的，10% 的微生物是有益的，有益微生物通常也是好氧的微生物，另外 10% 的微生物是有害的，是厌氧微生物。当土壤中 10%

的有益微生物占主导的时候，80% 的中性微生物就跟着有益微生物走，如果土壤中 10% 的有害微生物占主导，80% 的中性微生物也会跟它们走。"

"你在中国是怎么做的呢？"拿波索博士问。

"我主要是使用微生物的圆褐固氮菌、自生固氮菌、保加利亚菌、酵母菌和芽孢杆菌等有益菌，进行复合配置，在土壤中有效地防治由细菌、真菌和线虫引起的作物病害。防病作用的机理是促进植物对营养的吸收，转化环境中的营养物质，增加植物生长所需养分，提高植物耐受非生物胁迫的能力，诱导植物对病原微生物系统的抗性与病原微生物互作调节植物的抗病性等。

"土壤是陆地生命系统的根基。大约 4 亿年前，伴随着陆地植物的出现，土壤出现了，同时又因为土壤的发育，陆地才真正成为各种植物的天堂，陆地动物也因此有了繁衍和演化的能量和物质来源。没有土壤也就没有陆地生命。

"土壤本身是一个复杂而精细的生命体。每克土壤中细菌的数量为 3 亿～ 30 亿个；每克干土中真菌的数量从 2000 个到 10 万个不等；每克土壤放线菌的数量从 1 万个到 1000 万个不等；每克湿土中大约有 1000 只原生动物。

土壤中的这些细菌、真菌、藻类，加上原生动物和节肢动物，如同人体的各种不同器官，共同构成了土壤这个生命体。这个生命体健康与否，直接影响到陆地生态环境的安危，从而决定了文明的存亡。"我倡导土壤生物多样性。

"这也是我们所关注的。"维里米尔转过头来插话说。

"土壤是维持大气二氧化碳平衡的天然平衡器。植物在生长过程中的光合作用，将二氧化碳转变成氧气、糖和淀粉以及还蕴含了大量植物从二氧化碳转化过来的碳，共同形成氧气和二氧化碳的循环与平衡。目前，人类对土壤生命的认识程度不超过1%。而土壤生物的多样性又是自然界生物多样性的重要组成部分。土壤生物在促进养分循环、调节土壤有机质、改变土壤物理结构以及改善植物健康等方面发挥着重要作用。除此之外，土壤生物与人类的生活和福祉也息息相关。不论是解决环境污染、气候变化等全球重大问题，还是提高粮食产量、保障粮食安全，都离不开保护土壤生物多样性这个重要基础。"拿波索博士说。

一只野鸡从车前方不远处飞速地穿过公路，一闪而过，拖着长长的彩色尾羽跳跃着消失在灌木丛中。车厢内为这艳丽的羽翎响起了一阵欢快的笑声。

　　"地球生物圈复杂多样，但并非都必须依靠氧气和光合作用才能存在。科学家在我们生活的地表之下发现，一个巨大的微生物世界的'暗物质'历经几十亿年的地质变化，仍然生命力顽强地存在着。"拿波索博士接着说。

　　"土壤是非常神奇的地球生命存续的场所。我们所有的抗生素绝大部分来自土壤微生物，包括各种各样的病毒。提起病毒，人们'谈毒色变'，希望人类生活环境中最好远离病毒，甚至希望病毒从地球上消失。但在现实生活中，这种想法是无法实现的，因为病毒是地球生物圈中数量最多的生命体，凡是有生物的地方都会存在病毒，病毒是无处不在的，同时病毒也是地球生态系统不可或缺的重要成员。"我与拿波索博士更深入地交流着。

参考文献

[1]《土壤的救赎》，[美]克莉斯丁·欧森著，周沛郁译，大家出版社，2016年出版。

[2]《特斯拉自传》，[美]尼古拉·特斯拉著，夏宜、倪玲玲译，民主与建设出版社，2018年出版。

[3]《尼古拉·特斯拉——被埋没的天才》，[美]玛格丽特·切尼著，陈璐译，重庆出版集团四川文艺出版社，2016年出版。

[4]《微生物的巨大冲击》，[ ]罗布·奈特、布兰登·波瑞尔著，邓子衿译，台北天下杂志，2016年出版。

[5]《挠场的科学》，李嗣涔著，台北三采文化出版社，2020年出版。

[6]《尼古拉·特斯拉——人类意识的进化》，[塞]维里米尔·阿布姆维奇编著，特斯拉·帕特森学院出版社，2015年出版。

[7]《一根萝卜的革命——用有机农业改变世

界》，［日］藤田和芳著，李凡、丁一帆、廖芳芳译，生活·读书·新知三联书店，2013 年出版。

［8］《神秘的量子生命》，［英］吉姆·艾尔 - 哈利利、约翰乔·麦克法登著，侯新智、祝锦杰译，浙江人民出版社，2016 年出版。

［9］《唯有时间能证明伟大——极客之王特斯拉传》，［美］约翰·奥尼尔著，林雨译，现代出版社，2015 年出版。

［10］《生态农场纪实》，蒋高明著，中国科学技术出版社，2017 年出版。

［11］《邪恶植物博览会》，［美］艾米·史都华著，周沛郁译，台湾商务出版社，2014 年出版。

［12］《特斯拉：电气时代的开创者》，［美］韦·伯纳德·卡尔森著，王国良译，人民邮电出版社，2016 年出版。

［13］《能量、性、死亡——线粒体与我们的生命》，［英］尼克·连恩著，林彦纶译，台北猫头鹰出版社，2013 年出版。

［14］《标量波理论与科学革命》，［日］实藤远著，李小青译，上海中医药大学出版社，1998 年出版。

［15］《新型肥料及其施用技术》，张树清主编，中国农业出版社，2012 年出版。